Sitzungsberichte
der
Heidelberger Akademie der Wissenschaften
Stiftung Heinrich Lanz

Mathematisch - naturwissenschaftliche Klasse

* *Im Verlag von Carl Winters Universitätsbuchhandlung in Heidelberg erschienen:*

Abteilung A. Mathematisch-physikalische Wissenschaften.

Jahrgang 1921

1. Franzen, H. Über die chem. Bestandteile grüner Pflanzen. **12.** Mitteilung: Über die flüchtigen Bestandteile der Eichenblätter.
2. Königsberger, L. Über partielle Differentialgleichungen erster Ordnung.
3. Heffter, L., und W. Stollenwerk. Über Scharen gleichberechtigter Koordinatensysteme. Mit 3 Textabbildungen.
4. Perron, Oskar. Über die Approximation irrationaler Zahlen durch rationale. I.
5. Liebmann, Heinrich. Der geometrische Aufbau der Bäcklundschen Transformation.
6. Eisenhut, O. Über Kathodenstrahlintensitätsmessung durch feste Kondensatoren.
7. Königsberger, Leo. Über vollständige Integrale partieller Differentialgleichungen erster Ordnung.
8. Perron, Oskar. Über die Approximation irrationaler Zahlen durch rationale. II.
9. Liebmann, Heinrich. Flächen mit einer vorgeschriebenen Schar geodätischer Parallelkurven.
10. Baldus, Richard. Über die Flächen, welche die Strahlen eines Bündels unter festem Winkel schneiden.
11. Königsberger, Leo. Die Erweiterung des Helmholtzschen Princips von der verborgenen Bewegung und den unvollständigen Problemen auf kinetische Potentiale beliebiger Ordnung.

Abteilung B. Biologische Wissenschaften.

Jahrgang 1921.

1. Kossel, A. Über die Beziehungen der Biochemie zu den morphologischen Wissenschaften.

PREISE WERDEN AUF ANFRAGE MITGETEILT

---

* Bestellungen auf solche Veröffentlichungen der math.-naturw. Klasse, welche früher im Verlag von Carl Winters Universitätsbuchhandlung in Heidelberg erschienen sind nimmt auch der Verlag Walter de Gruyter & Co., Berlin, entgegen.

Sitzungsberichte
der Heidelberger Akademie der Wissenschaften
Stiftung Heinrich Lanz
Mathematisch-naturwissenschaftliche Klasse
Jahrgang 1925. 7. Abhandlung.

Neue elementare Begründung und Erweiterung der Galoisschen Theorie

Von

Alfred Loewy
in Freiburg i. B.

Eingegangen am 6. September 1925.

Berlin und Leipzig 1925
Walter de Gruyter & Co.
vormals G. J. Göschen'sche Verlagshandlung / J. Guttentag, Verlagsbuchhandlung / Georg Reimer / Karl J. Trübner / Veit & Comp.

Neue elementare Begründung und Erweiterung der Galoisschen Theorie.

Die im folgenden auseinandergesetzte, wie ich glaube, neue Begründung der GALOISschen Theorie setzt an Vorkenntnissen nichts anderes als den Begriff der Irreduzibilität einer Gleichung voraus. Mit Hilfe des Euklidischen Divisionsverfahrens ergibt sich hieraus der bereits von ABEL[1]) formulierte Satz: Daß, falls eine irreduzible ganze rationale Funktion mit einer beliebigen anderen ganzen rationalen Funktion, deren Koeffizienten dem gleichen Zahlkörper angehören, eine Nullstelle gemeinsam hat, die erste Funktion stets Teiler der zweiten ist. Da etwaige mehrfache Nullstellen einer ganzen Funktion $f(x)$ stets auch Nullstellen der ersten abgeleiteten $f'(x)$ sind, und da für einen Zahlkörper, wie wir ihn für diese Arbeit ausnahmslos voraussetzen, $f'(x)$ nicht identisch verschwindet, folgt in allbekannter Weise: Jede irreduzible ganze Funktion mit Koeffizienten aus einem Zahlkörper besitzt bloß einfache Nullstellen.[2]) Hiermit sind alle Anforderungen an Vorkenntnissen erschöpft. Während der historische Weg von LAGRANGE zu GALOIS führt, d. h. erst nach der Behandlung der Gleichungen mit unbestimmten Koeffizienten das Studium der Gleichungen mit Koeffizienten aus einem beliebig vorgegebenen Zahlkörper einsetzt, wird im folgenden sogar der Satz, daß jede symmetrische Funktion der Gleichungswurzeln durch die Gleichungskoeffizienten ausdrückbar ist, aus der GALOISschen Theorie gewonnen werden. Auch der in allen mir bekannten Darstellungen der GALOISschen Theorie benützte ABELsche Fundamentalsatz[3]), daß sich jede durch eine endliche Anzahl algebraischer Größen bewirkte Erweiterung eines Zahlkörpers stets mit Hilfe einer einzigen Größe,

---

[1]) N. H. ABEL, Mémoire sur une classe particulière d'équations résolubles algébriquement. Journ. f. r. u. ang. Math. 4, 133. Oeuvres par SYLOW et LIE, Christiania (1881), t. 1, p. 480.

[2]) Dieser Satz gilt nicht für die von E. STEINITZ in seiner Arbeit „Algebraische Theorie der Körper", Journ. f. r. u. ang. Math. 137, 167 eingeführten, sog. unvollkommenen Körper; in ihnen existieren irreduzible ganze Funktionen mit mehrfachen Nullstellen.

[3]) ABEL, Oeuvres I, p. 547.

einer sogenannten primitiven Funktion durchführen läßt, erweist sich — was auch für beliebige (nicht endliche) algebraische Erweiterungen eines Zahlkörpers, bei denen es keine primitiven Funktionen mehr gibt, von Bedeutung ist — als für die Herleitung der Hauptsätze entbehrlich.

Der Untersuchung liegt ein beliebiger Zahlkörper P zugrunde. Diesem Grundkörper P adjungieren wir k durch eine Kette irreduzibler Gleichungen eingeführte Größen $\varrho_1, \varrho_2, \ldots, \varrho_k$, die wir die Dirigenten $\varrho_1, \varrho_2, \ldots, \varrho_k$ des Körpers $(P; \varrho_1, \varrho_2, \ldots, \varrho_k)$ nennen. Der Zweck der vorliegenden Arbeit ist das systematische Studium aller jener Ersetzungen der Größen $\varrho_1, \varrho_2, \ldots, \varrho_k$, durch die jede richtige Gleichung mit Koeffizienten aus P wieder in eine richtige Gleichung übergeführt wird. Die Gesamtheit dieser Ersetzungen der Größen $\varrho_1, \varrho_2, \ldots, \varrho_k$ bezeichnen wir als das System der Transmutationen der Dirigenten $\varrho_1, \varrho_2, \ldots, \varrho_k$ des Körpers $(P; \varrho_1, \varrho_2, \ldots, \varrho_k)$. Wählt man für $\varrho_1, \varrho_2, \ldots, \varrho_k$ alle Wurzeln einer Gleichung $f(x) = 0$, die Koeffizienten aus dem Grundkörper P besitzt und nur einfache Wurzeln hat, so gehen die Transmutationen der Dirigenten $\varrho_1, \varrho_2, \ldots, \varrho_k$ in Permutationen der Wurzeln von $f(x) = 0$ über und aus dem Transmutationssystem wird die GALOISsche Gruppe von $f(x) = 0$. Unter den Transmutationen sind besonders bemerkenswert die im § 4 eingeführten „automorphen Transmutationen", mit denen man es im Falle einer einzigen Gleichung allein zu tun hat. Die Verallgemeinerung der Fragestellung durch Benützung der Dirigenten eines Körpers statt der Wurzeln einer Gleichung scheint mir aus prinzipiellen Gründen nicht unwichtig zu sein. Durch diese Betrachtungen wird, wie ich zu zeigen hoffe, die GALOISsche Theorie vertieft und vereinfacht. Die charakteristischen Merkmale der GALOISschen Gruppe einer Gleichung findet der Leser bereits im § 2 hergeleitet.

§ 1.

Die Transmutationen der Dirigenten $\varrho_1, \varrho_2, \ldots, \varrho_k$ des Körpers $(P; \varrho_1, \varrho_2, \ldots, \varrho_k)$ und das charakteristische Kennzeichen für die dem Unterkörper P angehörigen Größen.

Definition des Körpers $(P; \varrho_1, \varrho_2, \ldots, \varrho_k)$ und seiner Dirigenten $\varrho_1, \varrho_2, \ldots, \varrho_k$: Unter $\varrho_1, \varrho_2, \ldots, \varrho_k$ sollen k voneinander verschiedene Größen verstanden werden. Von ihnen genüge ϱ_1 einer Gleichung $X_1(x) = 0$ vom h_1-ten Grade mit Koeffizienten aus dem der Betrachtung zugrundeliegenden Körper P, in dem die Gleichung $X_1(x) = 0$ irreduzibel sei. Weiter sei ϱ_2 Wurzel der Gleichung $X_2(x; \varrho_1) = 0$ des

Grades h_2 mit Koeffizienten aus dem durch Adjunktion von ϱ_1 zu P erweiterten Körper $(P;\ \varrho_1)$[1]), in dem die Gleichung $X_2(x;\ \varrho_1)=0$ als irreduzibel vorausgesetzt wird. Die Größe ϱ_3 sei eine Wurzel der Gleichung $X_3(x;\ \varrho_1, \varrho_2)=0$ vom Grade h_3, deren Koeffizienten dem durch Adjunktion von ϱ_1 und ϱ_2 erweiterten Körper $(P;\ \varrho_1, \varrho_2)$ angehören und die in diesem Körper irreduzibel ist. So fortfahrend sei schließlich ϱ_k eine Wurzel der Gleichung $X_k(x;\ \varrho_1, \varrho_2, \ldots, \varrho_{k-1})=0$ vom Grade h_k, deren Koeffizienten dem durch Adjunktion von $\varrho_1, \varrho_2, \ldots, \varrho_{k-1}$ zu P erweiterten Körper $(P;\ \varrho_1, \varrho_2, \ldots, \varrho_{k-1})$ angehören und die in diesem Körper irreduzibel ist.

Die Gesamtheit aller rationalen Funktionen von $\varrho_1, \varrho_2, \ldots, \varrho_k$ mit Koeffizienten aus dem Grundkörper P bildet, wie man sagt, den Körper $(P;\ \varrho_1, \varrho_2, \ldots, \varrho_k)$. Das Produkt $s=h_1 . h_2 \ldots h_k$ der Gradzahlen der Kette irreduzibler Gleichungen heißt der Grad des Körpers $(P;\ \varrho_1, \varrho_2, \ldots, \varrho_k)$. Die Größen $\varrho_1, \varrho_2, \ldots, \varrho_k$, die zur Erzeugung des Körpers $(P;\ \varrho_1, \varrho_2, \ldots, \varrho_k)$ durchaus nicht alle notwendig zu sein brauchen — gewisse von ihnen können Gleichungen ersten Grades genügen, also rationale Funktionen der voraufgehenden sein — sollen die Dirigenten des Körpers $(P;\ \varrho_1, \varrho_2, \ldots, \varrho_k)$ heißen.

Wir beweisen den

Satz 1. Es sei $\lambda\ (\varrho_1, \varrho_2, \ldots, \varrho_k)=0$ irgend eine Gleichung, die $\varrho_1, \varrho_2, \ldots, \varrho_k$ in ganzen positiven Potenzen enthält[2]) und

---

[1]) Wenn die Gleichungskoeffizienten einem erweiterten Körper angehören, soll dies auch durch die Schreibweise der Gleichung zum Ausdruck gebracht werden.

[2]) Jede rationale Funktion von $\varrho_1, \varrho_2, \ldots, \varrho_k$ als ganz rational vorauszusetzen, ist bekanntlich keine Beschränkung. Bedeutet nämlich $\frac{g(\varrho)}{h(\varrho)}$ eine rationale Funktion einer Wurzel ϱ der irreduziblen Gleichung $I(x)=0$, so folgt, da $h(\varrho) \neq 0$ sein muß und $I(x)=0$ irreduzibel ist, die Teilerfremdheit von $h(x)$ und $I(x)$. Hieraus ergibt sich weiter nach dem Euklidischen Algorithmus die Existenz zweier ganzer Funktionen $P(x)$ und $Q(x)$, daß $P(x)\,h(x)+Q(x)\,I(x)=1$, also $P(\varrho)\,h(\varrho)+Q(\varrho)\,I(\varrho)=1$ oder, da $I(\varrho)=0$ ist, $P(\varrho)\,h(\varrho)=1$. Mithin ist $\frac{g(\varrho)}{h(\varrho)}=g(\varrho)\,P(\varrho)$ eine ganze rationale Funktion von ϱ. Demnach läßt sich jede rationale Funktion von $\varrho_1, \varrho_2, \ldots, \varrho_k$ mittels der Gleichungskette $X_k(x;\ \varrho_1, \varrho_2, \ldots, \varrho_{k-1})=0$, $X_{k-1}(x;\ \varrho_1, \varrho_2, \ldots, \varrho_{k-2})=0$, $\ldots$, $X_2(x;\ \varrho_1)=0$, $X_1(x)=0$ successiv in eine ganze rationale Funktion zuerst von ϱ_k, hierauf von $\varrho_{k-1}, \varrho_{k-2}, \ldots, \varrho_1$ verwandeln. Im folgenden sollen ausnahmslos alle Funktionen von $\varrho_1, \varrho_2, \ldots, \varrho_k$ stets von Anfang an als in ganze rationale Funktionen umgewandelt angenommen werden.

nur Koeffizienten aus P besitzt. Ist ϱ_{1i} irgend eine Wurzel von $X_1(x)=0$, weiter ϱ_{2i} irgend eine Wurzel von $X_2(x;\varrho_{1i})=0$, alsdann ϱ_{3i} irgend eine Wurzel von $X_3(x;\varrho_{1i},\varrho_{2i})=0$ und so fort, schließlich ϱ_{ki} eine beliebige Wurzel von $X_k(x;\varrho_{1i},\varrho_{2i},\ldots,\varrho_{k-1i})=0$, so hat das Bestehen der Gleichung $\lambda(\varrho_1,\varrho_2,\ldots,\varrho_k)=0$ stets auch die Gültigkeit der Gleichung $\lambda(\varrho_{1i},\varrho_{2i},\ldots,\varrho_{ki})=0$ für jede beliebige Wahl der Größen $\varrho_{1i},\varrho_{2i},\ldots,\varrho_{ki}$ als Wurzeln der Gleichungskette, aus der sie nach der obigen Vorschrift zu entnehmen sind, zur Folge.

Beweis a. Mittels der letzten Gleichung $X_k(x;\varrho_1,\varrho_2,\ldots,\varrho_{k-1})=0$, die ϱ_k zur Wurzel besitzt und den Grad h_k hat, verwandeln wir die ganze Funktion $\lambda(\varrho_1,\varrho_2,\ldots,\varrho_k)$ in eine solche ganze Funktion, die ϱ_k höchstens in der Potenz h_k-1 enthält. Alsdann beseitige man aus $\lambda(\varrho_1,\varrho_2,\ldots,\varrho_k)$ mit Hilfe der voraufgehenden Gleichung $X_{k-1}(x;\varrho_1,\varrho_2,\ldots,\varrho_{k-2})=0$, die durch ϱ_{k-1} befriedigt wird, alle Potenzen von ϱ_{k-1}, die von höherem als $(h_{k-1}-1)$tem Grade sind. Hierauf entferne man aus $\lambda(\varrho_1,\varrho_2,\ldots,\varrho_k)$ mittels der voraufgehenden Gleichung $X_{k-2}(x;\varrho_1,\varrho_2,\ldots,\varrho_{k-3})=0$, die ϱ_{k-2} zur Wurzel hat, alle Potenzen von ϱ_{k-2}, die von höherem als $(h_{k-2}-1)$ten Grade sind. So fortfahrend wird schließlich $\lambda(\varrho_1,\varrho_2,\ldots,\varrho_k)$ mittels der Gleichung $X_1(x)=0$, die durch ϱ_1 befriedigt wird, in eine ganze Funktion von höchstens (h_1-1)ten Grad in ϱ_1 umgewandelt. Man erhält mithin $\lambda(\varrho_1,\varrho_2,\ldots,\varrho_k)=\lambda_r(\varrho_1,\varrho_2,\ldots,\varrho_k)$, wobei $\lambda_r(\varrho_1,\varrho_2,\ldots,\varrho_k)$ in ϱ_1 höchstens vom Grade h_1-1, in ϱ_2 höchstens vom Grade h_2-1 und so weiter in ϱ_k höchstens vom Grade h_k-1 ist.

Die Gleichung $\lambda_r(\varrho_1,\varrho_2,\ldots,\varrho_{k-1},x)=0$ des Grades $\leqq h_k-1$ mit Koeffizienten aus $(P;\varrho_1,\varrho_2,\ldots,\varrho_{k-1})$ hat wegen der nach Voraussetzung zutreffenden Relation $\lambda(\varrho_1,\varrho_2,\ldots,\varrho_k)=0$, also auch $\lambda_r(\varrho_1,\varrho_2,\ldots,\varrho_k)=0$, mit der im Körper $(P;\varrho_1,\varrho_2,\ldots,\varrho_{k-1})$ irreduziblen Gleichung $X_k(x;\varrho_1,\varrho_2,\ldots,\varrho_{k-1})=0$ des Grades h_k die Wurzel ϱ_k gemeinsam. Da eine irreduzible Gleichung und eine Gleichung niedrigeren Grades mit Koeffizienten aus demselben Körper eine Wurzel niemals gemeinsam haben können, muß $\lambda_r(\varrho_1,\varrho_2,\ldots,\varrho_{k-1},x)$ frei von x sein, $\lambda_r(\varrho_1,\varrho_2,\ldots,\varrho_{k-1},\varrho_k)$ enthält also ϱ_k überhaupt nicht, und man hat $\lambda_r(\varrho_1,\varrho_2,\ldots,\varrho_{k-1},\varrho_k)=\lambda_r(\varrho_1,\varrho_2,\ldots,\varrho_{k-1})$. Wir wenden jetzt das gleiche Verfahren auf die Gleichung $\lambda_r(\varrho_1,\varrho_2,\ldots,\varrho_{k-2},x)=0$, die in x vom Grade $\leqq h_{k-1}-1$ ist, an. Wegen $\lambda_r(\varrho_1,\varrho_2,\ldots,\varrho_{k-2},\varrho_{k-1})=0$ hat die angegebene Gleichung mit der irreduziblen Gleichung $X_{k-1}(x;\varrho_1,\varrho_2,\ldots,\varrho_{k-2})=0$ des Grades h_{k-1} die Wurzel ϱ_{k-1} gemeinsam. Da beide Gleichungen Koeffizienten aus dem Körper $(P;\varrho_1,\varrho_2,\ldots,\varrho_{k-2})$ besitzen und die irreduzible Gleichung höheren Grad als $\lambda_r(\varrho_1,\varrho_2,\ldots,\varrho_{k-2},x)=0$ hat, kann die letzte Gleichung nicht existieren.

Es muß also $\lambda_r(\varrho_1, \varrho_2, \ldots, \varrho_{k-2}, x)$ frei von x, demnach $\lambda_r(\varrho_1, \varrho_2, \ldots, \varrho_{k-2}, \varrho_{k-1})$ frei von ϱ_{k-1} sein. Mithin hat man: $\lambda_r(\varrho_1, \varrho_2, \ldots, \varrho_k) = \lambda_r(\varrho_1, \varrho_2, \ldots, \varrho_{k-1}) = \lambda_r(\varrho_1, \varrho_2, \ldots, \varrho_{k-2})$. So fortfahrend erkennt man successiv, daß $\lambda_r(\varrho_1, \varrho_2, \ldots, \varrho_{k-2})$ auch keine der Größen $\varrho_{k-2}, \varrho_{k-3}, \ldots, \varrho_1$ enthält. Man hat daher das Resultat: Ist $\lambda(\varrho_1, \varrho_2, \ldots, \varrho_k) = 0$ und führt man $\lambda(\varrho_1, \varrho_2, \ldots, \varrho_k)$ mittels der Gleichungskette $X_k(x; \varrho_1, \varrho_2, \ldots, \varrho_{k-1}) = 0$, $X_{k-1}(x; \varrho_1, \varrho_2, \ldots, \varrho_{k-2}) = 0, \ldots X_2(x; \varrho_1) = 0$, $X_1(x) = 0$, der $\varrho_k, \varrho_{k-1}, \ldots, \varrho_1$ genügen, in die reduzierte Form $\lambda_r(\varrho_1, \varrho_2, \ldots, \varrho_k)$ über, so enthält diese die Größen $\varrho_1, \varrho_2, \ldots, \varrho_k$ überhaupt nicht, und ist also eine bloße Zahl aus P, die sich wegen $\lambda(\varrho_1, \varrho_2, \ldots, \varrho_k) = 0$ als Null ergibt. Betrachtet man jetzt die zu untersuchende Größe $\lambda(\varrho_{1i}, \varrho_{2i}, \ldots, \varrho_{ki})$, so kann diese mittels der Gleichungkette $X_1(x) = 0$, $X_2(x; \varrho_{1i}) = 0$, $X_3(x; \varrho_{1i}, \varrho_{2i}) = 0, \ldots, X_k(x; \varrho_{1i}, \varrho_{2i}, \ldots, \varrho_{k-1i}) = 0$, die durch die Größen $\varrho_{1i}, \varrho_{2i}, \ldots, \varrho_{ki}$ befriedigt wird, von hinten beginnend, in die reduzierte Form $\lambda_r(\varrho_{1i}, \varrho_{2i}, \ldots, \varrho_{ki})$ übergeführt werden. Diese Größe ist aber, wie oben gezeigt, frei von $\varrho_{1i}, \varrho_{2i}, \ldots, \varrho_{ki}$ und besitzt den Wert 0. Hiermit ist unser Satz bewiesen.

Beweis β. Der Beweis des Satzes 1 läßt sich auch durch vollständige Induktion führen, indem man ihn für $k = n$ als richtig annimmt und zeigt, daß er dann auch noch für $k = n + 1$ zutrifft. Es soll also nachgewiesen werden, daß unter der Voraussetzung der Richtigkeit des Theorems für $k = n$ aus $\lambda(\varrho_1, \varrho_2, \ldots, \varrho_{n+1}) = 0$ auch noch $\lambda(\varrho_{1i}, \varrho_{2i}, \ldots, \varrho_{n+1i}) = 0$ folgt. Zum Beweise dividiere man die ganze Funktion $\lambda(\varrho_1, \varrho_2, \ldots, \varrho_n, x)$ der Unbestimmten x mit Koeffizienten aus dem Körper $(P; \varrho_1, \varrho_2, \ldots, \varrho_n)$ durch die ganze Funktion $X_{n+1}(x; \varrho_1, \varrho_2, \ldots, \varrho_n)$. Hierdurch erhält man die Relation

$$(1) \quad \lambda(\varrho_1, \varrho_2, \ldots, \varrho_n, x) = X_{n+1}(x; \varrho_1, \varrho_2, \ldots \varrho_n) . F(x; \varrho_1, \varrho_2, \ldots, \varrho_n) + R(x; \varrho_1, \varrho_2, \ldots, \varrho_n),$$

wobei $F(x; \varrho_1, \varrho_2, \ldots, \varrho_n)$ und $R(x; \varrho_1, \varrho_2, \ldots, \varrho_n)$ ganze Funktionen von x mit Koeffizienten aus dem Körper $(P; \varrho_1, \varrho_2, \ldots, \varrho_n)$ bedeuten und $R(x; \varrho_1, \varrho_2, \ldots, \varrho_n)$ als Divisionsrest in x von niedrigerem Grade als $X_{n+1}(x; \varrho_1, \varrho_2, \ldots, \varrho_n)$ ist. Ersetzt man in (1) die Unbestimmte x durch ϱ_{n+1}, so folgt, da ϱ_{n+1} Wurzel der Gleichung $X_{n+1}(x; \varrho_1, \varrho_2, \ldots, \varrho_n) = 0$ ist und weiter voraussetzungsgemäß $\lambda(\varrho_1, \varrho_2, \ldots, \varrho_{n+1}) = 0$ sein soll, daß $R(\varrho_{n+1}; \varrho_1, \varrho_2, \ldots, \varrho_n) = 0$ wird. Die Größe ϱ_{n+1} kann aber keiner Gleichung niedrigeren Grades $R(x; \varrho_1, \varrho_2, \ldots, \varrho_n) = 0$ mit Koeffizienten aus $(P; \varrho_1, \varrho_2, \ldots, \varrho_n)$ als der in diesem Körper irreduziblen Gleichung $X_{n+1}(x; \varrho_1, \varrho_2, \ldots, \varrho_n) = 0$ genügen. Mithin muß R identisch Null sein, und die Relation (1) reduziert sich auf

$$(2) \quad \lambda(\varrho_1, \varrho_2, \ldots, \varrho_n, x) = X_{n+1}(x; \varrho_1, \varrho_2, \ldots, \varrho_n) . F(x; \varrho_1, \varrho_2, \ldots, \varrho_n).$$

Nach unserer Annahme der Gültigkeit des zu beweisenden Satzes für $k = n$ bleiben alle richtigen Gleichungen zwischen $\varrho_1, \varrho_2, \ldots, \varrho_n$ mit Koeffizienten aus P auch noch richtig, wenn man $\varrho_1, \varrho_2, \ldots, \varrho_n$ durch $\varrho_{1i}, \varrho_{2i}, \ldots, \varrho_{ni}$ ersetzt. Folglich ergibt sich aus der Gleichung (2) für alle Zahlen x aus P die weitere Relation:

$$(3)\quad \lambda\,(\varrho_{1i}, \varrho_{2i}, \ldots, \varrho_{ni}, x) = X_{n+1}\,(x; \varrho_{1i}, \varrho_{2i}, \ldots, \varrho_{ni}) \cdot F\,(x; \varrho_{1i}, \varrho_{2i}, \ldots, \varrho_{ni}).$$

Da die in (3) links und rechts stehenden Polynome für unendlich viele Werte von x, nämlich für alle Zahlen aus P übereinstimmen, ist die Gleichung (3) für alle x richtig. Setzt man in (3) für x irgend eine Wurzel ϱ_{n+1i} von $X_{n+1}\,(x; \varrho_{1i}, \varrho_{2i}, \ldots, \varrho_{ni}) = 0$ ein, so erhält man aus (3), da $X_{n+1}\,(\varrho_{n+1i}; \varrho_{1i}, \varrho_{2i}, \ldots, \varrho_{ni}) = 0$ ist, die Relation $\lambda\,(\varrho_{1i}, \varrho_{2i}, \ldots, \varrho_{ni}, \varrho_{n+1i}) = 0$, die bewiesen werden sollte.

Für $n = 0$, wo $\lambda\,(\varrho_1, \varrho_2, \ldots, \varrho_n)$ frei von $\varrho_1, \varrho_2, \ldots, \varrho_n$ ist und es sich demnach nur um die Identität $0 = 0$ handelt, ist der zu beweisende Satz sicher richtig. Da die der vollständigen Induktion zu Grunde liegende Annahme für $n = 0$ erfüllt ist, gilt sie nach dem Schluß von n auf $n+1$ infolge des geführten Beweises für $0+1=1$, hierauf für $1+1=2$ usw. Hiermit ist der Satz 1 allgemein bewiesen.

Der bewiesene Satz kann als verallgemeinertes ABELsches Theorem bezeichnet werden, denn er stellt die Ausdehnung des zu Beginn der Einleitung erwähnten ABELschen, dem Fall $k = 1$ entsprechenden Satzes, wonach jede für eine Wurzel einer irreduziblen Gleichung mit Koeffizienten aus dem Grundkörper P gültige Relation für alle Gleichungswurzeln bestehen bleibt, auf die Wurzeln einer Kette irreduzibler Gleichungen dar.

Für das Folgende brauchen wir einen Hilfssatz über die linken Seiten der Gleichungskette. Dieser Hilfssatz lautet:

Ersetzt man $\varrho_1, \varrho_2, \ldots, \varrho_n$ durch $\varrho_{1i}, \varrho_{2i}, \ldots, \varrho_{ni}$ und betrachtet die Gleichung $X_n\,(x; \varrho_{1i}, \varrho_{2i}, \ldots, \varrho_{n-1i}) = 0$ $(n = 1, 2, \ldots, k)$, so ist diese Gleichung irreduzibel im Körper $(P; \varrho_{1i}, \varrho_{2i}, \ldots, \varrho_{ni})$.

Der Satz trifft im Falle $n = 1$ zu; denn voraussetzungsgemäß ist die Gleichung $X_1\,(x) = 0$ im Körper P irreduzibel. Die Allgemeingültigkeit des Hilfssatzes zeigen wir durch vollständige Induktion, indem wir ihn bis zur Zahl n als richtig annehmen und hieraus seine Gültigkeit für die nächstfolgende Zahl $n+1$ erweisen. Wäre im Gegensatz zu der in unserem Satze ausgesprochenen Behauptung $X_{n+1}\,(x; \varrho_{1i}, \varrho_{2i}, \ldots, \varrho_{ni})$ im Körper $(P; \varrho_{1i}, \varrho_{2i}, \ldots, \varrho_{ni})$ reduzibel, so gäbe es eine Zerlegung

$$(4)\quad X_{n+1}\,(x; \varrho_{1i}, \varrho_{2i}, \ldots, \varrho_{ni}) = \varphi\,(x; \varrho_{1i}, \varrho_{2i}, \ldots, \varrho_{ni}) \cdot \psi\,(x; \varrho_{1i}, \varrho_{2i}, \ldots, \varrho_{ni}),$$

wobei φ und ψ in x niedrigeren Grad als X_{n+1} besitzen und Koeffizienten aus dem Körper $(P; \varrho_{1i}, \varrho_{2i}, \ldots, \varrho_{ni})$ haben. Für jeden Wert x aus P ist (4) eine Gleichung zwischen $\varrho_{1i}, \varrho_{2i}, \ldots, \varrho_{ni}$ mit Koeffizienten aus P. Die Größen $\varrho_{1i}, \varrho_{2i}, \ldots, \varrho_{ni}$ sind Wurzeln der Gleichungen $X_1(x)=0, X_2(x; \varrho_{1i})=0, X_3(x; \varrho_{1i}, \varrho_{2i})=0, \ldots, X_n(x; \varrho_{1i}, \varrho_{2i}, \ldots, \varrho_{n-1i})=0$, deren Irreduzibilität in den Körpern P, $(P; \varrho_{1i})$, $(P; \varrho_{1i}, \varrho_{2i})$, ... $(P; \varrho_{1i}, \varrho_{2i}, \ldots, \varrho_{n-1i})$ als bereits nachgewiesen gilt. Man kann daher auf die Größen $\varrho_{1i}, \varrho_{2i}, \ldots, \varrho_{ni}$ unseren Satz anwenden und die genannten Größen in der Gleichung (4), wenn man nur unter x irgend eine Zahl aus P versteht, ersetzen durch die Lösungen $\varrho_1, \varrho_2, \ldots, \varrho_n$ der entsprechenden Gleichungskette $X_1(x) = 0$, $X_2(x; \varrho_1) = 0$, $X_3(x; \varrho_1, \varrho_2) = 0, \ldots, X_n(x; \varrho_1, \varrho_2, \ldots, \varrho_{n-1}) = 0$. Hierdurch erhält man zunächst für sämtliche Werte x aus P und, da dies unendlich viele Werte sind, für jedes x die Zerlegung

$$X_{n+1}(x; \varrho_1, \varrho_2, \ldots, \varrho_n) = \varphi(x; \varrho_1, \varrho_2, \ldots, \varrho_n) \cdot \psi(x; \varrho_1, \varrho_2, \ldots, \varrho_n).$$

Diese Zerlegung befindet sich aber im Widerspruch mit der Irreduzibilität von $X_{n+1}(x; \varrho_1 \varrho_2, \ldots, \varrho_n)$ im Körper $(P; \varrho_1, \varrho_2, \ldots, \varrho_n)$, die voraussetzungsgemäß besteht. Mithin ist gezeigt, daß die Irreduzibilität von $X_1(x)=0$, $X_2(x; \varrho_{1i})=0$, $X_3(x; \varrho_{1i}, \varrho_{2i})=0, \ldots, X_n(x; \varrho_{1i}, \varrho_{2i}, \ldots, \varrho_{n-1i}) = 0$ in den Körpern P beziehungsweise $(P; \varrho_{1i})$, $(P; \varrho_{1i}, \varrho_{2i}), \ldots, (P; \varrho_{1i}, \varrho_{2i}, \ldots, \varrho_{n-1i})$ auch noch die Irreduzibilität von $X_{n+1}(x; \varrho_{1i}, \varrho_{2i}, \ldots, \varrho_{ni})$ im Körper $(P; \varrho_{1i}, \varrho_{2i}, \ldots, \varrho_{ni})$ zur Folge hat. Da die Gleichung $X_1(x) = 0$ irreduzibel war, ist der Hilfssatz allgemein für $n = 1, 2, \ldots, k$ erwiesen.

Definition der Transmutationen der Dirigenten $\varrho_1, \varrho_2 \ldots, \varrho_k$ des Körpers $(P; \varrho_1, \varrho_2, \ldots, \varrho_k)$: Jede Ersetzung $\begin{pmatrix}\varrho_1 & \varrho_2 & \cdots & \varrho_k \\ \varrho_1^* & \varrho_2^* & \cdots & \varrho_k^*\end{pmatrix}$ der Größen $\varrho_1, \varrho_2, \ldots, \varrho_k$ durch irgendwelche Größen $\varrho_1^*, \varrho_2^*, \ldots, \varrho_k^*$, die jede richtige Gleichung zwischen $\varrho_1, \varrho_2, \ldots, \varrho_k$ mit Koeffizienten aus P wieder in eine richtige Gleichung überführt, bezeichnen wir als eine Transmutation der Größen $\varrho_1, \varrho_2, \ldots, \varrho_k$. Das charakteristische Kriterium dafür, daß $\begin{pmatrix}\varrho_1 & \varrho_2 & \cdots & \varrho_k \\ \varrho_1^* & \varrho_2^* & \cdots & \varrho_k^*\end{pmatrix}$ eine Transmutation darstellt, ist also, daß jede richtige Gleichung $\lambda(\varrho_1, \varrho_2, \ldots, \varrho_k)=0$ zwischen $\varrho_1, \varrho_2, \ldots, \varrho_k$ mit Koeffizienten aus P stets auch die Gültigkeit der Relation $\lambda(\varrho_1^*, \varrho_2^*, \ldots, \varrho_k^*)=0$ zur Folge hat. Offenbar sind nach dem Inhalt des Satzes 1 die in ihm studierten Ersetzungen $\begin{pmatrix}\varrho_1 & \varrho_2 & \cdots & \varrho_k \\ \varrho_{1i} & \varrho_{2i} & \cdots & \varrho_{ki}\end{pmatrix}$ als Transmutationen von $\varrho_1, \varrho_2, \ldots, \varrho_k$ zu bezeichnen. Wir zeigen nunmehr, daß mit diesen durch den Satz 1 gelieferten Transmutationen auch sämtliche Transmutationen der Dirigenten $\varrho_1, \varrho_2, \ldots, \varrho_k$ des Körpers $(P; \varrho_1, \varrho_2, \ldots, \varrho_k)$ erschöpft sind. Es sei $\begin{pmatrix}\varrho_1 & \varrho_2 & \cdots & \varrho_k \\ \varrho_1^* & \varrho_2^* & \cdots & \varrho_k^*\end{pmatrix}$ eine beliebige Transmutation von $\varrho_1, \varrho_2, \ldots, \varrho_k$. Da diese nach Definition auf alle richtigen Gleichungen zwischen $\varrho_1, \varrho_2, \ldots, \varrho_k$ mit Koeffizienten aus P ausführbar sein muß, kann man sie im besondern auch auf die von $\varrho_1, \varrho_2, \ldots, \varrho_k$ befriedigten Gleichungen der Kette $X_1(\varrho_1) = 0$, $X_2(\varrho_2; \varrho_1) = 0$, $X_3(\varrho_3; \varrho_1, \varrho_2) = 0, \ldots, X_k(\varrho_k; \varrho_1, \varrho_2, \ldots, \varrho_{k-1}) = 0$ anwenden. Hierdurch erhält man $X_1(\varrho_1^*) = 0$, $X_2(\varrho_2^*; \varrho_1^*) = 0$, $X_3(\varrho_3^*; \varrho_1^*, \varrho_2^*) = 0, \ldots, X_k(\varrho_k^*; \varrho_1^*, \varrho_2^*, \ldots, \varrho_{k-1}^*) = 0$. Diese Gleichungen besagen aber, daß ϱ_1^* eine Wurzel ϱ_{1i} von $X_1(x) = 0$, weiter ϱ_2^* eine Wurzel ϱ_{2i} von $X_2(x; \varrho_{1i}) = 0$, ferner ϱ_3^* eine der Wurzeln ϱ_{3i} von $X_3(x; \varrho_{1i}, \varrho_{2i}) = 0$ und so weiter, schließlich ϱ_k^* eine der Wurzeln ϱ_{ki} von $X_k(x; \varrho_{1i}, \varrho_{2i}, \ldots, \varrho_{k-1i}) = 0$ ist. Folglich besitzt jede beliebige Transmutation $\begin{pmatrix}\varrho_1 & \varrho_2 & \cdots & \varrho_k \\ \varrho_1^* & \varrho_2^* & \cdots & \varrho_k^*\end{pmatrix}$, wie gezeigt werden soll, notwendig die im Satze 1 studierte Form $\begin{pmatrix}\varrho_1 & \varrho_2 & \cdots & \varrho_k \\ \varrho_{1i} & \varrho_{2i} & \cdots & \varrho_{ki}\end{pmatrix}$.

Um noch die Anzahl der Transmutationen $\begin{pmatrix}\varrho_1 & \varrho_2 & \cdots & \varrho_k \\ \varrho_{1i} & \varrho_{2i} & \cdots & \varrho_{ki}\end{pmatrix}$ zu bestimmen, bedenke man, daß die Gleichung $X_1(x) = 0$ wegen ihrer Irreduzibilität im Körper P lauter verschiedene Wurzeln hat, daß sich also ϱ_{1i} dem Grade von $X_1(x) = 0$ entsprechend auf h_1 Arten wählen läßt. Weiter hat die Gleichung $X_2(x; \varrho_{1i}) = 0$ wegen ihrer Irreduzibilität im Körper $(P; \varrho_{1i})$ ihrem Grade entsprechend h_2 verschiedene Wurzeln, so daß man zu jeder der h_1 möglichen Bestimmungen von ϱ_{1i} eine h_2-fache Wahl von ϱ_{2i} als Wurzel von $X_2(x; \varrho_{1i}) = 0$ treffen kann. So fortfahrend läßt sich schließlich ϱ_{ki} als Wurzel der im Körper $(P; \varrho_{1i}, \varrho_{2i}, \ldots, \varrho_{k-1i})$ irreduziblen Gleichung $X_k(x; \varrho_{1i}, \varrho_{2i}, \ldots, \varrho_{k-1i}) = 0$ vom Grade h_k, nach getroffener Wahl von $\varrho_{1i}, \varrho_{2i}, \ldots, \varrho_{k-1i}$, noch jeweils auf h_k verschiedene Arten bestimmen. Es gibt mithin im ganzen $s = h_1 \cdot h_2 \ldots h_k$ verschiedene Transmutationen, soviel wie die Gradzahl s des Körpers beträgt.

Wir wollen schließlich noch zeigen, daß aus der von uns vorausgesetzten Ungleichheit je zweier der Größen $\varrho_1, \varrho_2, \ldots, \varrho_k$ folgt, daß auch niemals zwei der Größen $\varrho_{1i}, \varrho_{2i}, \ldots, \varrho_{ki}$ untereinander gleich sein können. Angenommen, es wäre einmal $\varrho_{ji} = \varrho_{li}$, wobei j und l zwei verschiedene Zahlen aus der Reihe $1, 2, \ldots, k$ bedeuten. Die Bezeichnung sei so gewählt, daß $j < l$ ist. Dann genügt ϱ_{li} der Gleichung $x - \varrho_{ji} = 0$, und die von ϱ_{li} befriedigte in $(P; \varrho_{1i}, \varrho_{2i} \ldots, \varrho_{l-1i})$ irreduzible ganze Funktion lautet $X_l(x; \varrho_{1i}, \varrho_{2i}, \ldots, \varrho_{l-1i}) \equiv x - \varrho_{ji}$. Mithin ergibt sich $X_l(x; \varrho_1, \varrho_2, \ldots, \varrho_{l-1}) \equiv x - \varrho_j$. Da aber X_l voraussetzungsgemäß durch ϱ_l befriedigt wird, folgt, daß $\varrho_l - \varrho_j = 0$ sein muß. Dies steht aber im Widerspruch mit der Ungleichheit von ϱ_j und ϱ_l. Mithin müssen auch ϱ_{ji} und ϱ_{li} stets untereinander verschieden sein.

Zusammenfassend erhalten wir das abschließende Resultat, das wir so formulieren:

Satz 2. Sind $\varrho_1, \varrho_2, \ldots, \varrho_k$ k untereinander verschiedene Größen, die der Kette in den Körpern P beziehungsweise $(P; \varrho_1)$, $(P; \varrho_1, \varrho_2), \ldots, (P; \varrho_1, \varrho_2, \ldots, \varrho_{k-1})$ irreduzibler Gleichungen $X_1(x) = 0$, $X_2(x; \varrho_1) = 0$, $X_3(x; \varrho_1, \varrho_2) = 0, \ldots, X_k(x; \varrho_1, \varrho_2, \ldots, \varrho_{k-1}) = 0$ genügen, und ist $s = h_1 h_2 \ldots h_k$ das Produkt der Gleichungsgrade, so gibt es im Körper $(P; \varrho_1, \varrho_2, \ldots, \varrho_k)$ genau s untereinander verschiedene Transmutationen seiner Dirigenten $\varrho_1, \varrho_2, \ldots, \varrho_k$. Diese lauten $\begin{pmatrix} \varrho_1 & \varrho_2 & \cdots & \varrho_k \\ \varrho_{1i} & \varrho_{2i} & & \varrho_{ki} \end{pmatrix}$; dabei durchlaufen ϱ_{1i} alle h_1 Wurzeln der Gleichung $X_1(x) = 0$, ϱ_{2i} alle h_2 Wurzeln der Gleichungen $X_2(x; \varrho_{1i}) = 0$ usw., schließlich ϱ_{ki} alle h_k Wurzeln der Gleichungen $X_k(x; \varrho_{1i}, \varrho_{2i}, \ldots, \varrho_{k-1i}) = 0$. Unter den im Nenner jeder Transmutation stehenden k Größen $\varrho_{1i}, \varrho_{2i}, \ldots, \varrho_{ki}$ befinden sich ebenso wie unter den Größen $\varrho_1, \varrho_2, \ldots, \varrho_k$ des Zählers niemals zwei untereinander gleiche.

Definition. Die Gesamtheit der im Satz 2 erhaltenen s Transmutationen der Größen $\varrho_1, \varrho_2, \ldots, \varrho_k$ wollen wir das Transmutationssystem der Dirigenten $\varrho_1, \varrho_2, \ldots, \varrho_k$ des Körpers $(P; \varrho_1, \varrho_2, \ldots, \varrho_k)$ nennen. Ersichtlich befindet sich unter den s Transmutationen des Systems auch die der Wahl $\varrho_{1i} = \varrho_1, \varrho_{2i} = \varrho_2, \ldots, \varrho_{ki} = \varrho_k$ entsprechende identische Transmutation $\begin{pmatrix} \varrho_1 & \varrho_2 & \cdots & \varrho_k \\ \varrho_1 & \varrho_2 & \cdots & \varrho_k \end{pmatrix}$, die identische Permutation der Größen $\varrho_1, \varrho_2, \ldots, \varrho_k$.

Wir wenden uns nunmehr zum Beweis von

Satz 3. Nimmt eine rationale Funktion $\mu(\varrho_1, \varrho_2, \ldots, \varrho_k)$ der Größen $\varrho_1, \varrho_2, \ldots, \varrho_k$ mit Koeffizienten aus P bei allen s Transmutationen des Transmutationssystems der Dirigenten $\varrho_1, \varrho_2, \ldots, \varrho_k$ des Körpers $(P; \varrho_1, \varrho_2, \ldots, \varrho_k)$ denselben Wert c an, so ist c eine Zahl aus P.

Wir verwandeln zunächst mit Hilfe des beim Beweise a des Satzes 1 auseinandergesetzten Verfahrens die vorgelegte rationale Funktion $\mu(\varrho_1, \varrho_2, \ldots, \varrho_k)$ in eine ganze rationale Funktion $\mu_r(\varrho_1, \varrho_2, \ldots, \varrho_k)$, die ϱ_1 höchstens in der $(h_1 - 1)$ten, ϱ_2 höchstens in der $(h_2 - 1)$ten usw. ϱ_k höchstens in der $(h_k - 1)$ten Potenz enthält. Dann ist $\mu(\varrho_1, \varrho_2, \ldots, \varrho_k) = \mu_r(\varrho_1, \varrho_2, \ldots, \varrho_k) = c$. Zu den nach Voraussetzung in $\mu(\varrho_1, \varrho_2, \ldots, \varrho_k)$ zulässigen, den Wert c nicht ändernden s Ersetzungen gehören im besonderen die h_k Ersetzungen von $\varrho_1, \varrho_2, \ldots, \varrho_k$ durch $\varrho_1, \varrho_2, \ldots, \varrho_{k-1}, \varrho_{ki}$, wobei ϱ_{ki} alle h_k Wurzeln von $X_k(x; \varrho_1, \varrho_2, \ldots, \varrho_{k-1}) = 0$ durchläuft. Es ist also $\mu(\varrho_1, \varrho_2, \ldots, \varrho_{k-1}, \varrho_{ki}) = \mu_r(\varrho_1, \varrho_2, \ldots, \varrho_{k-1}, \varrho_{ki}) = c$ oder anders ausgedrückt: Die Gleichung $\mu_r(\varrho_1, \varrho_2, \ldots, \varrho_{k-1}, x) = c$ von höchstens $(h_k - 1)$tem Grade in x wird durch die sämtlichen h_k verschiedenen Wurzeln von $X_k(x; \varrho_1, \varrho_2, \ldots, \varrho_{k-1}) = 0$ befriedigt. Da die Gleichung $\mu_r(\varrho_1, \varrho_2, \ldots, \varrho_{k-1}, x) = c$ mehr Wurzeln besitzt, als ihr Grad gestattet, muß sie eine von x freie Identität sein. Man erhält also $\mu_r(\varrho_1, \varrho_2, \ldots, \varrho_{k-1}) = c$; das heißt: c gehört dem Körper $(P; \varrho_1, \varrho_2, \ldots, \varrho_{k-1})$ an. Zu den s Transmutationen, die den Wert c von $\mu(\varrho_1, \varrho_2, \ldots, \varrho_k)$ nicht ändern, gehören weiter diejenigen $h_{k-1} \cdot h_k$, die $\varrho_1, \varrho_2, \ldots, \varrho_{k-1}, \varrho_k$ durch $\varrho_1, \varrho_2, \ldots, \varrho_{k-1i}, \varrho_{ki}$ ersetzen, wobei ϱ_{k-1i} alle h_{k-1} Wurzeln von $X_{k-1}(x; \varrho_1, \varrho_2, \ldots, \varrho_{k-2}) = 0$ und ϱ_{ki} alle Wurzeln sämtlicher Gleichungen $X_k(x; \varrho_1, \varrho_2, \ldots, \varrho_{k-2}, \varrho_{k-1i}) = 0$ durchläuft. Hieraus folgt, da sich bereits $\mu(\varrho_1, \varrho_2, \ldots, \varrho_{k-1}, \varrho_k) = \mu_r(\varrho_1, \varrho_2, \ldots, \varrho_{k-1}) = c$ ergeben hatte, daß $\mu_r(\varrho_1, \varrho_2, \ldots, \varrho_{k-2}, \varrho_{k-1i}) = c$ ist. Die Gleichung $\mu_r(\varrho_1, \varrho_2, \ldots, \varrho_{k-2}, x) = c$, die höchstens vom Grade $(h_{k-1} - 1)$ ist, wird demnach durch die h_{k-1} verschiedenen Wurzeln von $X_{k-1}(x; \varrho_1, \varrho_2, \ldots, \varrho_{k-2}) = 0$ befriedigt, also durch mehr Wurzeln, als ihr Grad gestattet. Mithin muß $\mu_r(\varrho_1, \varrho_2, \ldots, \varrho_{k-2}, x)$ frei von x, also $\mu_r(\varrho_1, \varrho_2, \ldots, \varrho_{k-2}) = c$ sein; das heißt: c gehört bereits dem Körper $(P; \varrho_1, \varrho_2, \ldots, \varrho_{k-2})$ an. Benützt man nunmehr die $h_{k-2} \cdot h_{k-1} \cdot h_k$ nach Voraussetzung zulässigen Transmutationen der besonderen Form $\begin{pmatrix} \varrho_1 & \varrho_2 & \cdots & \varrho_{k-4} & \varrho_{k-3} & \varrho_{k-2} & \varrho_{k-1} & \varrho_k \\ \varrho_1 & \varrho_2 & \cdots & \varrho_{k-4} & \varrho_{k-3} & \varrho_{k-2i} & \varrho_{k-1i} & \varrho_{ki} \end{pmatrix}$, wobei ϱ_{k-2i} alle Wurzeln der Gleichung $X_{k-2}(x; \varrho_1, \varrho_2, \ldots, \varrho_{k-3}) = 0$, ϱ_{k-1i} alle Wurzeln sämtlicher Gleichungen $X_{k-1}(x; \varrho_1, \varrho_2, \ldots, \varrho_{k-3}, \varrho_{k-2i}) = 0$ und ϱ_{ki} alle Wurzeln sämtlicher Gleichungen $X_k(x; \varrho_1, \varrho_2, \ldots, \varrho_{k-3}, \varrho_{k-2i}, \varrho_{k-1i}) = 0$ durchläuft, so ergibt sich aus $\mu_r(\varrho_1, \varrho_2, \ldots, \varrho_{k-3}, \varrho_{k-2}) = c$, daß auch $\mu_r(\varrho_1, \varrho_2, \ldots, \varrho_{k-3}, \varrho_{k-2i}) = c$ ist. Mithin wird die Gleichung $\mu_r(\varrho_1, \varrho_2, \ldots, \varrho_{k-3}, x) = c$, die höchstens vom Grade $h_{k-2} - 1$ ist, durch sämtliche h_{k-2} verschiedene Wurzeln von $X_{k-2}(x; \varrho_1, \varrho_2, \ldots, \varrho_{k-3}) = 0$ befriedigt; hieraus folgt, daß $\mu_r(\varrho_1, \varrho_2, \ldots, \varrho_{k-3}, x)$ frei von x sein muß, also $\mu_r(\varrho_1, \varrho_2, \ldots, \varrho_{k-3}) = c$ wird. So fortfahrend schließt man weiter, daß $\mu_r(\varrho_1, \varrho_2, \ldots, \varrho_{k-3})$ auch $\varrho_{k-3}, \varrho_{k-4}, \ldots, \varrho_1$ nicht enthält und c daher dem Körper P angehört. Hiermit ist der Satz 3 bewiesen.

Besitzt eine rationale Funktion $\mu(\varrho_1, \varrho_2, \ldots, \varrho_k)$ der Größen $\varrho_1, \varrho_2, \ldots, \varrho_k$ mit Koeffizienten aus P, wie wir jetzt voraussetzen wollen, einen Wert c aus dem Körper P, so gestattet die Gleichung $\mu(\varrho_1, \varrho_2, \ldots, \varrho_k) - c = 0$ als richtige Gleichung mit Koeffizienten aus P nach Satz 2 alle s Transmutationen der Dirigenten $\varrho_1, \varrho_2, \ldots, \varrho_k$ des Körpers $(P; \varrho_1, \varrho_2, \ldots, \varrho_k)$; man hat also $\mu(\varrho_{1i}, \varrho_{2i}, \ldots, \varrho_{ki}) - c = 0$ oder

$\mu(\varrho_1, \varrho_2, \ldots, \varrho_k) = \mu(\varrho_{1i}, \varrho_{2i}, \ldots, \varrho_{ki})$. Da das letzte Gleichungssystem nach Satz 3 auch umgekehrt besagt, daß der Wert c, den $\mu(\varrho_1, \varrho_2, \ldots, \varrho_k)$ besitzt, dem Körper P angehört, hat man

Satz 4. *Die notwendige und hinreichende Bedingung dafür, daß eine rationale Funktion $\mu(\varrho_1, \varrho_2, \ldots, \varrho_k)$ der Größen $\varrho_1, \varrho_2, \ldots, \varrho_k$ mit Koeffizienten aus P einen Wert c aus dem Körper P besitzt, ist, daß sie bei allen s Transmutationen des Transmutationssystems der Dirigenten $\varrho_1, \varrho_2, \ldots, \varrho_k$ des Körpers $(P; \varrho_1, \varrho_2, \ldots, \varrho_k)$ unverändert denselben Wert annimmt (einwertig ist).*

Bei einer Transmutation $\begin{pmatrix}\varrho_1 & \varrho_2 & \cdots & \varrho_k \\ \varrho_{1i} & \varrho_{2i} & \cdots & \varrho_{ki}\end{pmatrix}$ werden im allgemeinen $\varrho_{1i}, \varrho_{2i}, \ldots, \varrho_{ki}$ nicht rationale Funktionen von $\varrho_1, \varrho_2, \ldots, \varrho_k$ sein, daher nicht einmal dem Körper $(P; \varrho_1, \varrho_2, \ldots, \varrho_k)$ angehören, geschweige denn bis auf die Reihenfolge mit den Größen $\varrho_1, \varrho_2, \ldots, \varrho_k$ übereinstimmen, also Permutationen der Größen $\varrho_1, \varrho_2, \ldots, \varrho_k$ werden. Im Transmutationssystem der Dirigenten $\varrho_1, \varrho_2, \ldots, \varrho_k$ des Körpers $(P; \varrho_1, \varrho_2, \ldots, \varrho_k)$ befindet sich aber mindestens eine Permutation, nämlich die identische. Wir beweisen nunmehr

Satz 5. *Die unter den s Transmutationen der Dirigenten $\varrho_1, \varrho_2, \ldots, \varrho_k$ des Körpers $(P; \varrho_1, \varrho_2, \ldots, \varrho_k)$ enthaltenen Permutationen bilden eine Permutationsgruppe.*

$\mathrm{A} = \begin{pmatrix}\varrho_1 & \varrho_2 & \cdots & \varrho_k \\ \varrho_{a_1} & \varrho_{a_2} & \cdots & \varrho_{a_k}\end{pmatrix}$ und $\mathrm{B} = \begin{pmatrix}\varrho_1 & \varrho_2 & \cdots & \varrho_k \\ \varrho_{b_1} & \varrho_{b_2} & \cdots & \varrho_{b_k}\end{pmatrix}$ seien irgend zwei im Transmutationssystem der s Transmutationen enthaltene Permutationen. Ist $\lambda(\varrho_1, \varrho_2, \ldots, \varrho_k) = 0$ irgend eine richtige Gleichung zwischen $\varrho_1, \varrho_2, \ldots, \varrho_k$ mit Koeffizienten aus P, so kann man auf sie als richtige Gleichung die Permutation $\mathrm{A} = \begin{pmatrix}\varrho_1 & \varrho_2 & \cdots & \varrho_k \\ \varrho_{a_1} & \varrho_{a_2} & \cdots & \varrho_{a_k}\end{pmatrix}$, da sie voraussetzungsgemäß dem Transmutationssystem angehört, anwenden und erhält die ebenfalls richtige Gleichung $\lambda(\varrho_{a_1}, \varrho_{a_2}, \ldots, \varrho_{a_k}) = 0$. Auch die Permutation $\mathrm{B} = \begin{pmatrix}\varrho_1 & \varrho_2 & \cdots & \varrho_k \\ \varrho_{b_1} & \varrho_{b_2} & \cdots & \varrho_{b_k}\end{pmatrix}$, die man auch schreiben kann $\mathrm{B} = \begin{pmatrix}\varrho_{a_1} & \varrho_{a_2} & \cdots & \varrho_{a_k} \\ \varrho_{b_{a_1}} & \varrho_{b_{a_2}} & \cdots & \varrho_{b_{a_k}}\end{pmatrix}$ gehört nach Voraussetzung dem System der s Transmutationen an und ist daher auf die zuletzt gefundene Gleichung $\lambda(\varrho_{a_1}, \varrho_{a_2}, \ldots, \varrho_{a_k}) = 0$ anwendbar; hierdurch ergibt sich $\lambda(\varrho_{b_{a_1}}, \varrho_{b_{a_2}}, \ldots, \varrho_{b_{a_k}}) = 0$. Diese Gleichung besagt aber, daß man die aus A und B komponierte Permutation $\mathrm{A\,B} = \begin{pmatrix}\varrho_1 & \varrho_2 & \cdots & \varrho_k \\ \varrho_{b_{a_1}} & \varrho_{b_{a_2}} & \cdots & \varrho_{b_{a_k}}\end{pmatrix}$ auf jede richtige Gleichung $\lambda(\varrho_1, \varrho_2, \ldots, \varrho_k) = 0$ ausführen darf. Die Permutation A B hat also, wenn A und B Transmutationen sind, die Eigenschaft, selbst eine Transmutation zu sein. Ist aber ein System von Permutationen so beschaffen, daß man durch symbolische Multiplikation, die Produktbildung irgend zweier Permutationen des Systems, niemals aus dem System herauskommt, so bildet das System eine Permutationsgruppe. Hiermit ist unser Satz bewiesen.

§ 2.

Die Galoissche Gruppe einer Gleichung $f(x)=0$ mit Koeffizienten aus einem Körper P und den n Wurzeln $\alpha_1, \alpha_2, \ldots, \alpha_n$ als Transmutationssystem der Dirigenten $\alpha_1, \alpha_2, \ldots, \alpha_n$ des Körpers $(P; \alpha_1, \alpha_2, \ldots, \alpha_n)$. — Charakteristische Eigenschaften der Galoisschen Gruppe einer Gleichung.

Die Sätze des vorigen § sollen nunmehr auf eine beliebige Gleichung $f(x)=0$ vom $n$ten Grade mit Koeffizienten aus P angewandt werden. Von der Gleichung $f(x)=0$ soll nur vorausgesetzt werden, daß sie lauter verschiedene Wurzeln $\alpha_1, \alpha_2, \ldots, \alpha_n$ besitzt. Um zur Galoisschen Gruppe von $f(x)=0$ zu gelangen, betrachten wir das Transmutationssystem der Dirigenten $\alpha_1, \alpha_2, \ldots, \alpha_n$ des Körpers $(P; \alpha_1, \alpha_2, \ldots, \alpha_n)$ und bilden zu diesem Zweck eine Gleichungskette, die wir als die durch die Wurzeln $\alpha_1, \alpha_2, \ldots, \alpha_n$ der Gleichung $f(x)=0$ festgelegte Gleichungskette bezeichnen können und die folgendermaßen zu definieren ist:

Man suche die im Körper P irreduzible Gleichung $f_1(x)=0$ mit Koeffizienten aus P, die α_1 zur Wurzel hat. Weiter bestimme man die im Körper $(P; \alpha_1)$ irreduzible Gleichung $f_2(x; \alpha_1)=0$, die durch α_2 befriedigt wird. Hierauf suche man die im Körper $(P; \alpha_1, \alpha_2)$ irreduzible Gleichung $f_3(x; \alpha_1, \alpha_2)=0$, die α_3 zur Wurzel hat, usw. schließlich die im Körper $(P; \alpha_1, \alpha_2, \ldots, \alpha_{n-1})$ irreduzible Gleichung $f_n(x; \alpha_1, \alpha_2, \ldots, \alpha_{n-1})=0$, die α_n zur Wurzel hat. Die in den Körpern P bzw. $(P; \alpha_1)$, $(P; \alpha_1, \alpha_2)$, ... $(P; \alpha_1, \alpha_2, \ldots, \alpha_{n-1})$ irreduziblen Gleichungen $f_1(x)=0$, $f_2(x; \alpha_1)=0$, $f_3(x; \alpha_1, \alpha_2)=0$, ..., $f_n(x; \alpha_1, \alpha_2, \ldots, \alpha_{n-1})=0$, die durch α_1 beziehungsweise $\alpha_2, \alpha_3, \ldots, \alpha_n$ befriedigt werden, nennen wir die durch die Wurzeln $\alpha_1, \alpha_2, \ldots, \alpha_n$ der Gleichung $f(x)=0$ festgelegte Gleichungskette.

Für die Größen $\varrho_1, \varrho_2, \ldots, \varrho_k$ des vorigen § werden in diesem § die Gleichungswurzeln $\alpha_1, \alpha_2, \ldots, \alpha_n$ von $f(x)=0$ treten, und die Gleichungskette $X_1(x)=0$, $X_2(x; \varrho_1)=0$, $X_3(x; \varrho_1, \varrho_2)=0$, ... $X_k(x; \varrho_1, \varrho_2, \ldots, \varrho_{k-1})=0$ wird durch $f_1(x)=0$, $f_2(x; \alpha_1)=0$, $f_3(x; \alpha_1, \alpha_2)=0, \ldots, f_n(x; \alpha_1, \alpha_2, \ldots, \alpha_{n-1})=0$ ersetzt. Sind jetzt $\alpha_{1i}, \alpha_{2i}, \ldots, \alpha_{ni}$ Größen, die successiv die Gleichungskette $f_1(x)=0$, $f_2(x; \alpha_{1i})=0$, $f_3(x; \alpha_{1i}, \alpha_{2i})=0, \ldots, f_n(x; \alpha_{1i}, \alpha_{2i}, \ldots, \alpha_{n-1i})=0$ befriedigen, so kann man nach Satz 1 des § 1 in jeder richtigen Gleichung $\lambda(a_1, a_2, \ldots, a_n) = 0$ die zwischen $a_1, a_2, \ldots, a_n$ besteht und Koeffizienten aus P hat, die letztgenannten Größen durch $a_{1i}, a_{2i}, \ldots, a_{ni}$ ersetzen, und es ist auch stets $\lambda(a_{1i}, a_{2i}, \ldots, a_{ni}) = 0$. Ist l irgend eine der Zahlen $1, 2, \ldots, n$, also a_l Wurzel von $f(x) = 0$, mithin $f(a_l) = 0$, so folgt aus dieser Gleichung infolge des zuletzt angegebenen Resultats $f(a_{li}) = 0$. Daher sind ebenso wie $a_1, a_2, \ldots, a_n$ stets auch $a_{1i}, a_{2i}, \ldots, a_{ni}$ Wurzeln der Gleichung $f(x) = 0$. Nach Voraussetzung sollen die Wurzeln $a_1, a_2, \ldots, a_n$, wie dies im vorigen § auch von $\varrho_1, \varrho_2, \ldots, \varrho_k$ vorausgesetzt war, sämtlich untereinander verschieden sein; mithin sind nach dem Schlußresultat des Satzes 2 niemals zwei unter den Größen $a_{1i}, a_{2i}, \ldots, a_{ni}$ bei festem i einander gleich, und als Wurzeln von $f(x) = 0$ stimmen demnach $a_{1i}, a_{2i}, \ldots, a_{ni}$, abgesehen von der Reihenfolge mit $a_1, a_2 \ldots, a_n$ überein. Sämtliche für die s Transmutationen $\begin{pmatrix} \varrho_1 & \varrho_2 & \cdots & \varrho_k \\ \varrho_{1i} & \varrho_{2i} & \cdots & \varrho_{ki} \end{pmatrix}$ des § 1 tretenden Transmutationen $\begin{pmatrix} a_1 & a_2 & \ldots & a_n \\ a_{1i} & a_{2i} & \ldots & a_{ni} \end{pmatrix}$ der durch die Wurzeln $a_1, a_2, \ldots, a_n$ der Gleichung $f(x) = 0$ bestimmten Dirigenten des Körpers $(P; a_1, a_2, \ldots, a_n)$ sind demnach ausnahmslos Permutationen. Nach Satz 5 des § 1 bildet folglich das Transmutationssystem $\begin{pmatrix} a_1 & a_2 & \ldots & a_n \\ a_{1i} & a_{2i} & \ldots & a_{ni} \end{pmatrix}$ der Dirigenten $a_1, a_2, \ldots, a_n$ eine Permutationsgruppe. Nach Satz 4 des § 1 haben ihre Permutationen $\begin{pmatrix} a_1 & a_2 & \ldots & a_n \\ a_{1i} & a_{2i} & \ldots & a_{ni} \end{pmatrix}$ und auch nur sie allein die charakteristische Eigenschaft, auf alle richtigen Gleichungen zwischen den Wurzeln $a_1, a_2, \ldots, a_n$ der vorgelegten Gleichung $f(x) = 0$ mit Koeffizienten aus P anwendbar zu sein. Diese Permutationsgruppe heißt nach dem allgemein üblichen Sprachgebrauch die Galoissche Gruppe der Gleichung $f(x) = 0$.[1]) Bezeichnet man noch die Gradzahlen der Gleichungen $f_1(x) = 0$, $f_2(x; a_1) = 0$, $f_3(x; a_1, a_2) = 0$, $\ldots$, $f_n(x; a_1, a_2, \ldots, a_{n-1}) = 0$ entsprechend denen der Gleichungen $X_1(x) = 0$, $X_2(x; \varrho_1) = 0$, $X_3(x; \varrho_1, \varrho_2) = 0, \ldots$, $X_k(x; \varrho_1, \varrho_2, \ldots, \varrho_{k-1}) = 0$ auch mit $h_1, h_2, \ldots, h_n$, so gibt es nach Satz 2 des § 1 genau $s = h_1 h_2 \ldots h_n$ von einander verschiedene Transmutationen, hier Permutationen $\begin{pmatrix} a_1 & a_2 & \ldots & a_n \\ a_{1i} & a_{2i} & \ldots & a_{ni} \end{pmatrix}$ der Galoisschen Gruppe der Gleichung $f(x) = 0$. Die Galoissche Gruppe von $f(x) = 0$ hat also, wie man

[1]) Die Entdeckung, daß zu jeder Gleichung $f(x) = 0$ eine Gruppe, die Galoissche Gruppe, gehört, verdankt man bekanntlich den klassischen Untersuchungen von E. Galois. Er führt diese Gruppe, wie es auch heute noch üblich ist (vgl. § 4), mit Hilfe einer primitiven Funktion ein. Vgl. Oeuvres de Galois par Picard, Paris 1897, p. 39.

sich entsprechend der Anzahl ihrer verschiedenen Permutationen ausdrückt, die Ordnung s.

Faßt man diese Ergebnisse unter Berücksichtigung der Sätze 1 und 2 des § 1 zusammen, so erhält man den

Hauptsatz 1 der Galoisschen Theorie. Bildet man für eine Gleichung $f(x)=0$ vom $n$ten Grade mit lauter verschiedenen Wurzeln $\alpha_1, \alpha_2, \ldots, \alpha_n$ und Koeffizienten aus dem Körper P die durch die Wurzeln $\alpha_1, \alpha_2, \ldots, \alpha_n$ festgelegte Gleichungskette $f_1(x)=0$, $f_2(x; \alpha_1)=0$, $f_3(x; \alpha_1, \alpha_2)=0, \ldots, f_n(x; \alpha_1, \alpha_2, \ldots, \alpha_{n-1})=0$ und besitzen diese Gleichungen die Grade $h_1, h_2, \ldots, h_n$, so existiert für die Gleichung $f(x)=0$ eine Gruppe von $s = h_1\, h_2 \ldots h_n$ untereinander verschiedenen Permutationen $\begin{pmatrix} \alpha_1 & \alpha_2 & \ldots & \alpha_n \\ \alpha_{1i} & \alpha_{2i} & \ldots & \alpha_{ni} \end{pmatrix}$, die GALOISsche Gruppe von $f(x)=0$. Dabei durchläuft α_{1i} alle Wurzeln von $f_1(x)=0$, α_{2i} alle Wurzeln von $f_2(x; \alpha_{1i})=0$, α_{3i} alle Wurzeln von $f_3(x; \alpha_{1i}, \alpha_{2i}) =0$, und so weiter, schließlich α_{ni} alle Wurzeln von $f_n(x; \alpha_{1i}\, \alpha_{2i}, \ldots, \alpha_{n-1i})=0$. Die s Permutationen dieser Gruppe und auch nur sie allein erschöpfen alle Ersetzungen, die alle richtigen Gleichungen mit Koeffizienten aus P, die zwischen den Wurzeln $\alpha_1, \alpha_2, \ldots, \alpha_n$ der Gleichung $f(x)=0$ bestehen, wieder in richtige Gleichungen überführen.

Aus dem Satze 3 des § 1 ergibt sich der

Hauptsatz 2 der Galoisschen Theorie. Behält eine rationale Funktion $\mu(\alpha_1, \alpha_2, \ldots, \alpha_n)$ der Wurzeln $\alpha_1, \alpha_2, \ldots, \alpha_n$ einer Gleichung $f(x)=0$ mit Koeffizienten aus P bei allen Permutationen der GALOISschen Gruppe von $f(x)=0$ denselben Wert c, so ist c eine Zahl aus P.

Aus der im letzten Satze abgeleiteten Haupteigenschaft der GALOISschen Gruppe folgt im besondern das bisher noch nicht benützte Theorem, daß sich jede symmetrische Funktion $S(\alpha_1, \alpha_2, \ldots, \alpha_n)$ der Wurzeln $\alpha_1, \alpha_2, \ldots, \alpha_n$ einer Gleichung $f(x)=c_0\, x^n + c_1\, x^{n-1} + \ldots + c_n = 0$ durch die Koeffizienten von $f(x)=0$ ausdrücken läßt. Um dies zu beweisen, wähle man den Körper P als den kleinsten Körper, der die Koeffizienten von $S(\alpha_1, \alpha_2, \ldots, \alpha_n)$ sowie die unbestimmten Gleichungskoeffizienten $c_0, c_1, c_2, \ldots, c_n$ enthält. Da sich $S(\alpha_1, \alpha_2, \ldots, \alpha_n)$ als symmetrische Funktion der Größen $\alpha_1, \alpha_2, \ldots \alpha_n$ bei allen möglichen Permutationen von $\alpha_1, \alpha_2, \ldots, \alpha_n$ sogar formal nicht ändert, behält es auch gewiß bei denjenigen Permutationen von $\alpha_1, \alpha_2, \ldots, \alpha_n$, die der GALOISschen Gruppe von $f(x) = 0$ angehören, seinen Wert bei. Dieser muß daher nach dem zuletzt bewiesenen Hauptsatz 2 im Körper P gelegen sein, das heißt: er muß sich nach der besonderen Wahl von P durch die Koeffizienten von $S(\alpha_1, \alpha_2, \ldots, \alpha_n)$ und durch die Koeffizienten $c_0, c_1, \ldots, c_n$ von $f(x) = 0$ ausdrücken lassen.

Auf Grund der voraufgehenden Sätze 1 und 2 formulieren wir dem Theorem 4 des vorigen § entsprechend:

Satz 3. Notwendig und hinreichend dafür, daß eine rationale Funktion $\mu(\alpha_1, \alpha_2, \ldots, \alpha_n)$ der Wurzeln von $f(x) = 0$ mit Koeffizienten aus P einen Wert aus dem Körper P besitzt, ist, daß sie bei allen Permutationen der Galoisschen Gruppe von $f(x) = 0$ denselben Wert annimmt (einwertig ist).

Wir bemerken noch, daß die von uns benützte Gleichungskette ihrer Konstruktion nach so beschaffen ist, daß $f_1(x)$ Teiler von $f(x)$, $f_2(x; \alpha_1)$ Teiler von $\frac{f(x)}{x-\alpha_1}$, $f_3(x; \alpha_1, \alpha_2)$ Teiler von $\frac{f(x)}{(x-\alpha_1)(x-\alpha_2)}$, und so weiter schließlich $f_n(x; \alpha_1, \alpha_2, \ldots, \alpha_{n-1})$ Teiler von $\frac{f(x)}{(x-\alpha_1)(x-\alpha_2)\ldots(x-\alpha_{n-1})}$ sein muß. Hiernach lassen sich die sogenannten affektlosen Gleichungen, d. h. diejenigen Gleichungen, deren Galoissche Gruppe die symmetrische Gruppe mit $n(n-1)(n-2)\ldots 1$ Permutationen ist, charakterisieren. Notwendig und hinreichend für die Affektlosigkeit einer Gleichung $f(x) = 0$ vom n-ten Grade erweist sich, daß die Gleichungen der durch die Wurzeln $\alpha_1, \alpha_2, \ldots, \alpha_n$ von $f(x) = 0$ festgelegten Gleichungskette die Gradzahlen $n, n-1, n-2, \ldots, 1$ besitzen, also $f_1(x) = f(x)$, $f_2(x) = \frac{f(x)}{x-\alpha_1}$, $f_3(x; \alpha_1, \alpha_2) = \frac{f(x)}{(x-\alpha_1)(x-\alpha_2)}$ $\ldots$, $f_n(x) = \frac{f(x)}{(x-\alpha_1)(x-\alpha_2)\ldots(x-\alpha_{n-1})}$ wird.[1])

Auch die Galoisschen Gleichungen oder Normalgleichungen, d. h. die in P irreduziblen Gleichungen, bei denen sich alle Wurzeln als rationale Funktionen einer einzigen α_1 mit Koeffizienten aus P ausdrücken lassen, können durch die mittels der Wurzeln α_1, $\alpha_2, \ldots \alpha_n$ von $f(x) = 0$ festgelegte Gleichungskette gekennzeichnet werden. Für eine Normalgleichung $f(x) = 0$ müssen die Gradzahlen der durch die Wurzeln $\alpha_1, \alpha_2, \ldots \alpha_n$ festgelegten Gleichungskette $n, 1, 1, 1, \ldots, 1$ lauten; es muß also $f_1(x) = f(x)$, $f_2(x; \alpha_1) = x - \alpha_2 =$

---

[1]) Vgl. hierzu O. Perron, Über Gleichungen ohne Affekt, diese Sitzungsberichte 1923, 3. Abhandlung.

$x-R_2(a_1)$, $f_3(x; a_1, a_2) = x - a_3 = x - R_3(a_1)$, $f_4(x; a_1, a_2, a_3) = x-a_4 = x - R_4(a_1), \ldots, f_n(x; a_1, a_2, \ldots, a_{n-1}) = x - a_n = x - R_n(a_1)$ sein, wobei $R_i(a_1)$ $(i = 2, 3, \ldots, n)$ eine rationale Funktion von a_1 bedeutet.

§ 3.

Rationale Funktionen der Dirigenten $\varrho_1, \varrho_2, \ldots, \varrho_k$ des Körpers $(P; \varrho_1, \varrho_2, \ldots \varrho_k)$.

Wir knüpfen wieder an die Ergebnisse des § 1 an und beschäftigen uns mit den rationalen Funktionen der Dirigenten $\varrho_1, \varrho_2, \ldots, \varrho_k$ des Körpers $(P; \varrho_1, \varrho_2, \ldots \varrho_k)$ mit Koeffizienten aus P und den von solchen Funktionen befriedigten Gleichungen. Wir beweisen:

Satz 1. Jede rationale Funktion $\sigma_1(\varrho_1, \varrho_2, \ldots, \varrho_k)$ mit Koeffizienten aus P befriedigt auch eine Gleichung mit Koeffizienten aus dem Grundkörper P. Ist $J(x) = 0$ die irreduzible Gleichung mit Koeffizienten aus P, die $\sigma_1(\varrho_1, \varrho_2, \ldots, \varrho_k)$ zu einer Nullstelle hat, und ist der Faktor der höchsten Potenz von x gleich 1 angenommen, so existiert eine ganze positive Zahl $s_1 \geq 1$ von der Art, daß

$$J(x)^{s_1} = \Pi(x - \sigma_1(\varrho_{1i}, \varrho_{2i}, \ldots, \varrho_{ki})). \tag{1}$$

Das Produkt rechter Hand ist hierbei über alle s Werte $\sigma_1(\varrho_{1i}, \varrho_{2i}, \ldots, \varrho_{ki})$ zu erstrecken, die sich bei allen $s = h_1 h_2 \ldots h_k$ Transmutationen $\begin{pmatrix}\varrho_1 & \varrho_2 & \cdots & \varrho_k \\ \varrho_{1i} & \varrho_{2i} & \cdots & \varrho_{ki}\end{pmatrix}$ der Dirigenten $\varrho_1, \varrho_2, \ldots, \varrho_k$ des Körpers $(P; \varrho_1, \varrho_2, \ldots, \varrho_k)$ aus $\sigma_1(\varrho_1, \varrho_2, \ldots, \varrho_k)$ ergeben. Der Vergleich der Gradzahlen lehrt, daß der Grad t der irreduziblen Funktion $J(x)$ mit s und s_1 durch die Relation $s_1 t = s$ zusammenhängt, also s_1 ein Teiler von s sein muß.[1])

Wir zeigen zunächst, daß das auf der rechten Seite von (1) stehende Produkt $\Pi(x - \sigma_1(\varrho_{1i}, \varrho_{2i}, \ldots, \varrho_{ki}))$ nur Koeffizienten aus dem Körper P hat. Zum Beweis betrachten wir zuerst das Produkt $\Pi(x - \sigma_1(\varrho_1, \varrho_2, \ldots, \varrho_{k-1}, \varrho_{ki}))$, wobei ϱ_{ki} alle h_k Wurzeln von $X_k(x; \varrho_1, \varrho_2, \ldots, \varrho_{k-1}) = 0$ durchläuft. Dieses Produkt hat nach dem im § 2 bewiesenen Hauptsatz 2 der GALOISschen Theorie, wenn man ihn auf die Wurzeln ϱ_{ki} von $X_k(x; \varrho_1, \varrho_2, \ldots, \varrho_{k-1}) = 0$ anwendet, oder, wie man im vorliegenden Fall auch sagen kann, als

[1]) Dies ist der für unsere Zwecke ausgestaltete Satz von SCHÖNEMANN, Journ. f. r. u. a. Math. **31**, 273 (1846), der das Verhältnis des Oberkörpers $(P; \varrho_1, \varrho_2, \ldots, \varrho_k)$ zu seinem Unterkörper $(P; \sigma_1(\varrho_1, \varrho_2, \ldots, \varrho_k))$ behandelt.

symmetrische Funktion der Wurzeln der letzten Gleichung, einen Wert aus dem Körper $(P; \varrho_1, \varrho_2, \ldots, \varrho_{k-1})$. Infolgedessen setzen wir $\Pi(x-\sigma_1(\varrho_1, \varrho_2, \ldots, \varrho_{k-1}, \varrho_{ki})) = \Psi_k(x; \varrho_1, \varrho_2, \ldots, \varrho_{k-1})$. Wir betrachten weiter das Produkt $\Pi\, \Psi_k(x; \varrho_1, \varrho_2, \ldots, \varrho_{k-2}, \varrho_{k-1i})$, wobei ϱ_{k-1i} alle Wurzeln von $X_{k-1}(x; \varrho_1, \varrho_2, \ldots, \varrho_{k-2}) = 0$ durchläuft; dieses Produkt besitzt nach dem Hauptsatz 2 der GALOISschen Theorie oder hier im Speziellen als symmetrische Funktion der Wurzeln von $X_{k-1}(x; \varrho_1, \varrho_2, \ldots, \varrho_{k-2}) = 0$ einen Wert aus dem Körper $(P; \varrho_1, \varrho_2, \ldots, \varrho_{k-2})$. Wir schreiben daher $\Pi\, \Psi_k(x; \varrho_1, \varrho_2, \ldots, \varrho_{k-2}, \varrho_{k-1i}) = \Psi_{k-1}(x; \varrho_1, \varrho_2, \ldots, \varrho_{k-2})$. Hierauf bilden wir das Produkt $\Pi\, \Psi_{k-1}(x; \varrho_1, \varrho_2, \ldots, \varrho_{k-3}, \varrho_{k-2i})$ über alle Wurzeln ϱ_{k-2i} von $X_{k-2}(x; \varrho_1, \varrho_2, \ldots, \varrho_{k-3}) = 0$ und finden, daß dieses Produkt dem Körper $(P; \varrho_1, \varrho_2, \ldots, \varrho_{k-3})$ angehört. Daher setzen wir $\Pi\, \Psi_{k-1}(x; \varrho_1, \varrho_2, \ldots, \varrho_{k-3}, \varrho_{k-2i}) = \Psi_{k-2}(x; \varrho_1, \varrho_2, \ldots, \varrho_{k-3})$. So fortfahrend erhält man schließlich $\Pi\, \Psi_2(x; \varrho_{1i}) = \Psi_1(x)$, wobei ϱ_{1i} alle Wurzeln von $X_1(x) = 0$ durchläuft. Man hat also $\Pi(x - \sigma_1(\varrho_{1i}, \varrho_{2i}, \ldots, \varrho_{ki})) = \Pi\, \Psi_k(x; \varrho_{1i}, \varrho_{2i}, \ldots, \varrho_{k-1i}) = \Pi\, \Psi_{k-1}(x; \varrho_{1i}, \varrho_{2i}, \ldots, \varrho_{k-2i}) = \ldots = \Pi\, \Psi_2(x; \varrho_{1i}) = \Psi_1(x)$. Mithin genügt $\sigma_1(\varrho_1, \varrho_2, \ldots, \varrho_k)$ der Gleichung $\Psi_1(x) = 0$; diese besitzt Koeffizienten aus P und wird, wie die Relation $\Psi_1(x) = \Pi(x-\sigma_1(\varrho_{1i}, \varrho_{2i}, \ldots, \varrho_{ki}))$ lehrt, nur durch die Größen $\sigma_1(\varrho_{1i}, \varrho_{2i}, \ldots, \varrho_{ki})$ befriedigt, die sich aus $\sigma_1(\varrho_1, \varrho_2, \ldots, \varrho_k)$ vermöge der s Transmutationen $\begin{pmatrix} \varrho_1 & \varrho_2 & \cdots & \varrho_k \\ \varrho_{1i} & \varrho_{2i} & \cdots & \varrho_{ki} \end{pmatrix}$ ergeben.

Die irreduzible Gleichung mit Koeffizienten aus P, die durch $\sigma_1(\varrho_1, \varrho_2, \ldots, \varrho_k)$ befriedigt wird, sei $J(x) = 0$. Da $\Psi_1(x) = 0$ und $J(x) = 0$ die Wurzel $\sigma_1(\varrho_1, \varrho_2, \ldots, \varrho_k)$ gemeinsam haben und $J(x) = 0$ in P irreduzibel ist, muß $\Psi_1(x)$ durch $J(x)$ teilbar sein. $J(x)^{s_1}$ sei die höchste Potenz von $J(x)$, die $\Psi_1(x)$ teilt. Dann gilt die folgende Beziehung:

$$\Psi_1(x) = J(x)^{s_1} L(x), \tag{2}$$

wobei $L(x)$ ebenso wie $J(x)$ und $\Psi_1(x)$ nur Koeffizienten aus P hat. $J(x) = 0$ und $L(x) = 0$ haben keine gemeinsamen Wurzeln; denn sonst wäre wegen der Irreduzibilität von $J(x)$ die Funktion $L(x)$ durch $J(x)$ teilbar und $J(x)^{s_1}$ wäre nicht die höchste Potenz von $J(x)$, die $\Psi_1(x)$ teilt. Da nach Voraussetzung $J(x)$ durch $\sigma_1(\varrho_1, \varrho_2, \ldots, \varrho_k)$ annulliert wird, also $J(\sigma_1(\varrho_1, \varrho_2, \ldots, \varrho_k)) = 0$ ist, folgt nach Satz 1 des § 1, daß auch $J(\sigma_1(\varrho_{1i}, \varrho_{2i}, \ldots, \varrho_{ki})) = 0$. Wegen der Wurzelfremdheit von $J(x) = 0$ und $L(x) = 0$ kann demnach $L(x)$ durch keine der Wurzeln $\sigma_1(\varrho_{1i}, \varrho_{2i}, \ldots, \varrho_{ki})$ von $J(x) = 0$ annulliert werden. Wäre $L(x)$ eine Funktion von x, so könnte wegen der Relation (2) die Funktion $L(x)$ nur durch die Wurzeln von $\Psi_1(x) = 0$ befriedigt werden. Diese sind aber infolge der Konstruktion von $\Psi_1(x)$, wie schon oben ausgeführt, ausschließlich die Größen $\sigma_1(\varrho_{1i}, \varrho_{2i}, \ldots, \varrho_{ki})$. Infolge dieses Wiederspruches muß $L(x)$ eine Konstante sein. Diese ergibt sich gleich 1, wie der Vergleich der Koeffizienten der höchsten Potenzen von x in der Relation (2) lehrt; denn es ist $\Psi_1(x) = \Pi(x - \sigma_1(\varrho_{1i}, \varrho_{2i}, \ldots, \varrho_{ki}))$ und bei $J(x)$ soll nach Annahme der Koeffizient der höchsten Potenz von x gleich 1 sein.

Dem Satze 1 kann man auch noch folgende für manche Zwecke nützliche Fassung geben:

Satz 1*: $J(x)$ sei eine irreduzible Funktion mit Koeffizienten aus einem Körper P. Eine Wurzel ζ der Gleichung $J(x) = 0$ lasse sich in der Form $\zeta = \sigma_1(\varrho_1, \varrho_2, \ldots, \varrho_k)$ darstellen, wobei $\sigma_1(\varrho_1, \varrho_2, \ldots, \varrho_k)$ eine rationale Funktion von $\varrho_1, \varrho_2, \ldots, \varrho_k$ mit Koeffizienten aus P bedeutet und $\varrho_1, \varrho_2, \ldots, \varrho_k$ Wurzeln der Gleichungskette $X_1(x) = 0$, $X_2(x; \varrho_1) = 0$, $X_3(x; \varrho_1, \varrho_2) = 0, \ldots, X_k(x; \varrho_1, \varrho_2, \ldots, \varrho_{k-1}) = 0$ sind. Dann ist auch $\sigma_1(\varrho_{1i}, \varrho_{2i}, \ldots, \varrho_{ki})$ stets Wurzel von $J(x) = 0$, und die Gleichung $J(x) = 0$ hat keine anderen Wurzeln als solche der Form $\sigma_1(\varrho_{1i}, \varrho_{2i}, \ldots, \varrho_{ki})$. Sämtliche Wurzeln von $J(x) = 0$ lassen sich also in der nämlichen Weise $\sigma_1(\varrho_{1i}, \varrho_{2i}, \ldots, \varrho_{ki})$ als rationale Funktionen von k Größen $\varrho_{1i}, \varrho_{2i}, \ldots, \varrho_{ki}$ darstellen; diese sind Wurzeln einer analogen Gleichungskette $X_1(x) = 0$, $X_2(x; \varrho_{1i}) = 0$, $X_3(x; \varrho_{1i}, \varrho_{2i}) = 0, \ldots, X_k(x; \varrho_{1i}, \varrho_{2i}, \ldots, \varrho_{k-1i}) = 0$ mit in den Körpern P bzw. (P, ϱ_{1i}), $(P; \varrho_{1i}, \varrho_{2i}), \ldots, (P; \varrho_{1i}, \varrho_{2i}, \ldots, \varrho_{k-1i})$ irreduziblen Gleichungen.

Der Satz 1* zeigt die Bedeutsamkeit der Kenntnis einer einzigen Wurzel einer irreduziblen Gleichung; alle Wurzeln einer solchen Gleichung sind in analoger Art zu finden. In dem Satz 1* liegt die Verallgemeinerung des von N. H. ABEL[1]) ausgesprochenen und von H. WEBER[2]) in seinem Lehrbuch der Algebra nicht besonders einfach

[1]) N. H. ABEL, Sur la résolution algébrique des èquations (Nachlaß), Oeuvres par Sylow et Lie, t. 2, S. 221, Christiania 1881. „Si une équation irréductible peut être satisfaite algébriquement, elle est en même temps résoluble algébriquement et toutes les racines pourront être représentées par la même expression, en donnant à des radicaux qui s'y trouvent, toutes leurs valeurs." Diese ABEL'sche Aussage geht weiter als das von H. WEBER (vgl. die nächste Anmerkung) bewiesene Resultat und deckt sich im Spezialfall der algebraisch auflösbaren irreduziblen Gleichungen mit den Ergebnissen unseres Satzes 1*.

[2]) H. WEBER, Lehrbuch der Algebra, zweite Auflage, Bd. 1, S. 648, Braunschweig 1898. — H. WEBER, Lehrbuch der Algebra, kleine Ausgabe, Braunschweig 1912, S. 371.

bewiesenen Satzes, daß, wenn sich eine Wurzel einer irreduziblen Gleichung durch eine Kette binomischer Gleichungen, also durch Radikale finden läßt, dies für jede Gleichungswurzel zutrifft; das Theorem gilt nach dem Obigen für die Wurzeln jeder beliebigen irreduziblen algebraischen Gleichung und hat mit der Möglichkeit der Darstellung einer Gleichungswurzel durch Radikale, also einer besonderen Voraussetzung über die Struktur der Hilfsgleichungen nichts zu tun. Aus dem Satze 1 entnehmen wir noch, daß das Produkt $s = h_1 h_2 \ldots h_k$ der Grade der für die Bestimmung einer Gleichungswurzel von $J(x) = 0$ benötigten Hilfsgleichungen ein Vielfaches des Grades von $J(x) = 0$ ist; das Produkt der Grade der Hilfsgleichungen zur Bestimmung irgendeiner Wurzel von $J(x) = 0$ läßt sich nicht unter den Grad der Gleichung $J(x) = 0$ herunterdrücken. Im Falle, daß $J(x) = 0$ eine Kreisteilungsgleichung ist, war diese Tatsache bereits C. F. Gauss bekannt; er hat hierauf ohne Beweis in den Artikeln 365 und 366 seiner Disquisitiones arithmeticae und in Nr. 116 seines wissenschaftlichen Tagebuchs (C. F. Gauss, ges. Werke X_1, S. 556) nachdrücklich aufmerksam gemacht.[1])

Nunmehr benötigen wir folgende

Definition: $\sigma_1(\varrho_1, \varrho_2, \ldots, \varrho_k)$ sei eine rationale Funktion von $\varrho_1, \varrho_2, \ldots, \varrho_k$ mit Koeffizienten aus P, die bei einem System $\mathfrak{S}_1$ von genau s_1 der s Transmutationen $\begin{pmatrix} \varrho_1 & \varrho_2 & \cdots & \varrho_k \\ \varrho_{1i} & \varrho_{2i} & \cdots & \varrho_{ki} \end{pmatrix}$ ihren Wert nicht ändert. Eine solche Funktion $\sigma_1(\varrho_1, \varrho_2, \ldots, \varrho_k)$ heißt eine zu dem System $\mathfrak{S}_1$ zugehörige rationale Funktion von $\varrho_1, \varrho_2, \ldots, \varrho_k$. Für eine solche gilt

Satz 2: Ist $\sigma_1(\varrho_1, \varrho_2, \ldots, \varrho_k)$ eine zu $\mathfrak{S}_1$ zugehörige rationale Funktion von $\varrho_1, \varrho_2, \ldots, \varrho_k$ und umfaßt $\mathfrak{S}_1$ genau s_1 der s Transmutationen des Transmutationssystems $\mathfrak{S}$ der Dirigenten $\varrho_1, \varrho_2, \ldots, \varrho_k$ des Körpers $(P; \varrho_1, \varrho_2, \ldots, \varrho_k)$, so genügt $\sigma_1(\varrho_1, \varrho_2, \ldots, \varrho_k)$ einer irreduziblen Gleichung $\frac{s}{s_1}$-ten Grades mit Koeffizienten aus P und das System $\mathfrak{S}$ läßt sich in $t = \frac{s}{s_1}$ Komplexe $\mathfrak{S}_1, \mathfrak{S}_1^{(1)}, \mathfrak{S}_1^{(2)}, \ldots, \mathfrak{S}_1^{(t-1)}$, zerlegen sodaß jeder gleichviel, nämlich s_1 Transmutationen enthält; jede demselben Komplex angehörige Trans-

[1]) Vgl. hierzu meine Aufsätze: „Eine algebraische Behauptung von Gauss I und II,“ Jahresbericht der deutschen Math.-Vereinigung **26**, 100 (1917) und **30** 155 (1921).

mutation führt $\sigma_1(\varrho_1, \varrho_2, \ldots, \varrho_k)$ in Größen des gleichen Wertes über.

Die Größen $\sigma_1(\varrho_{1i}, \varrho_{2i}, \ldots, \varrho_{ki})$, die sich durch die s Transmutationen $\begin{pmatrix}\varrho_1 & \varrho_2 & \cdots & \varrho_k \\ \varrho_{1i} & \varrho_{2i} & \cdots & \varrho_{ki}\end{pmatrix}$ aus $\sigma_1(\varrho_1, \varrho_2, \ldots, \varrho_k)$ ergeben, genügen nach der im Satz 1 angegebenen Relation (1) einer Gleichung t-ten Grades mit $t = \frac{s}{s_1}$ verschiedenen Wurzeln, von denen jede die Multiplizität s_1 besitzt; entsprechend diesen Wurzeln ist $\mathfrak{S}$ in die t Komplexe $\mathfrak{S}_1, \mathfrak{S}_1^{(1)}, \mathfrak{S}_1^{(2)}, \ldots, \mathfrak{S}_1^{(t-1)}$ zerlegt.[1])

Wir beweisen nunmehr den erweiterten Lagrangeschen Satz als

Satz 3: Ist $\sigma_1(\varrho_1, \varrho_2, \ldots, \varrho_k)$ eine rationale Funktion der Dirigenten $\varrho_1, \varrho_2, \ldots, \varrho_k$ des Körpers $(P; \varrho_1, \varrho_2, \ldots, \varrho_k)$ und gehört σ_1 zu dem Untersystem $\mathfrak{S}_1$ von $\mathfrak{S}$, so reduziert sich bei Zugrundelegung des Körpers $(P; \sigma_1)$ als des Grundkörpers das Transmutationssystem $\mathfrak{S}$ der s Transmutationen auf das in ihnen enthaltene Untersystem $\mathfrak{S}_1$ von s_1 Transmutationen, bei denen $\sigma_1(\varrho_1, \varrho_2, \ldots, \varrho_k)$ seinen Wert nicht ändert.

Jede rationale Funktion $\tau(\varrho_1, \varrho_2, \ldots, \varrho_k)$ der Größen $\varrho_1, \varrho_2, \ldots, \varrho_k$ mit Koeffizienten aus P, die bei allen Transmutationen von $\mathfrak{S}_1$ denselben Wert besitzt, ist eine rationale Funktion von σ_1 mit Koeffizienten aus P.

Adjungiert man dem Körper P die rationale Funktion $\sigma_1(\varrho_1, \varrho_2, \ldots, \varrho_k)$ von $\varrho_1, \varrho_2, \ldots, \varrho_k$, die den Wert c haben möge, so bleiben im neuen Grundkörper $(P; c)$ erstens alle in P richtigen Gleichungen zwischen den Dirigenten $\varrho_1, \varrho_2, \ldots, \varrho_k$ mit Koeffizienten aus P weiter richtig, und zu ihnen treten zweitens weiter noch alle richtigen Gleichungen zwischen $\varrho_1, \varrho_2, \ldots, \varrho_k$ mit Koeffizienten aus $(P; c)$, zum Beispiel die Gleichung $\sigma_1(\varrho_1, \varrho_2, \ldots, \varrho_k) - c = 0$. Infolge der zuerst erwähnten Tatsache können sich unter den Transmutationen bei Zugrundelegung des Körpers $(P; c)$ statt P nur solche befinden, die dem Transmutationssystem $\mathfrak{S}$ angehören; denn nur die ihm zugehörigen s Transmutationen $\begin{pmatrix}\varrho_1 & \varrho_2 & \cdots & \varrho_k \\ \varrho_{1i} & \varrho_{2i} & \cdots & \varrho_{ki}\end{pmatrix}$ sind auf alle richtigen Gleichungen zwischen $\varrho_1, \varrho_2, \ldots, \varrho_k$ mit Koeffizienten aus P anwendbar. Da im Körper $(P; c)$ nach der zweiten oben gemachten Bemerkung auch $\sigma_1(\varrho_1, \varrho_2, \ldots, \varrho_k) - c = 0$ zu den richtigen Gleichungen gehört, kann bei Zugrundelegung des erweiterten Körpers $(P; c)$ nur derjenige Teil

[1]) Auf die Komplexe $\mathfrak{S}_1, \mathfrak{S}_1^{(1)}, \mathfrak{S}_1^{(2)}, \ldots, \mathfrak{S}_1^{(t-1)}$ geht Satz 5 näher ein; man hat in ihm nur $l = 1$ zu wählen.

der Transmutationen von $\mathfrak{S}$ in Frage kommen, der $\sigma_1(\varrho_1, \varrho_2, \ldots, \varrho_k) - c = 0$ richtig läßt; dies sind aber nur diejenigen Transmutationen $\mathfrak{S}_1$, bei denen $\sigma_1(\varrho_1, \varrho_2, \ldots, \varrho_k)$ seinen Wert c beibehält. Um noch zu zeigen, daß tatsächlich alle s_1 Transmutationen von $\mathfrak{S}_1$ auf alle richtigen Gleichungen zwischen $\varrho_1, \varrho_2, \ldots, \varrho_k$ mit Koeffizienten aus $(P; c)$ anwendbar sind, betrachten wir irgend eine solche Gleichung $\gamma(\varrho_1, \varrho_2, \ldots, \varrho_k, c) = 0$. Da es sich um eine Gleichung zwischen $\varrho_1, \varrho_2, \ldots, \varrho_k$ mit Koeffizienten aus $(P; c)$ handelt, enthält diese Relation außer den Größen aus P nur noch c in den Koeffizienten; ersetzt man c durch seinen Wert $\sigma_1(\varrho_1, \varrho_2, \ldots, \varrho_k)$, so hat man $\gamma(\varrho_1, \varrho_2, \ldots, \varrho_k, \sigma_1(\varrho_1, \varrho_2, \ldots, \varrho_k)) = 0$, also eine richtige Gleichung zwischen $\varrho_1, \varrho_2, \ldots, \varrho_k$ mit Koeffizienten aus P. Als solche läßt sie alle Transmutationen aus $\mathfrak{S}$, also gewiß alle aus dem Untersystem $\mathfrak{S}_1$, bei denen sich $\sigma_1(\varrho_1, \varrho_2, \ldots, \varrho_k) = c$ nicht ändert, zu. Folglich sind alle Transmutationen aus $\mathfrak{S}_1$ auf alle Gleichungen $\gamma(\varrho_1, \varrho_2, \ldots, \varrho_k, c) = 0$ mit Koeffizienten aus $(P; c) = (P; \sigma_1)$ anwendbar, und die Gesamtheit der bei Zugrundelegung des Körpers $(P; \sigma_1)$ zulässigen Transmutationen besteht aus den s_1 Transmutationen von $\mathfrak{S}_1$.

Zum Beweise des zweiten Teils unseres Satzes betrachten wir irgendeine rationale Funktion $\tau(\varrho_1, \varrho_2, \ldots, \varrho_k)$ der Größen $\varrho_1, \varrho_2, \ldots, \varrho_k$ mit Koeffizienten aus P, die bei allen s_1 Transmutationen von $\mathfrak{S}_1$ den Wert nicht ändert. Da $\mathfrak{S}_1$ die Gesamtheit aller Transmutationen bei Zugrundelegung des Körpers $(P; \sigma_1)$ statt P war und $\tau(\varrho_1, \varrho_2, \ldots, \varrho_k)$ voraussetzungsgemäß alle Transmutationen aus $\mathfrak{S}_1$ gestattet, muß $\tau(\varrho_1, \varrho_2, \ldots, \varrho_k)$ nach Satz 3 des § 1 einen dem Körper $(P; \sigma_1)$ angehörigen Wert besitzen; das heißt: $\tau(\varrho_1, \varrho_2, \ldots, \varrho_k)$ ist eine rationale Funktion von $\sigma_1(\varrho_1, \varrho_2, \ldots, \varrho_k)$ mit Koeffizienten aus P, wie bewiesen werden sollte.

Wir bemerken noch ausdrücklich, daß die rationale Funktion $\tau(\varrho_1, \varrho_2, \ldots, \varrho_k)$ keine zu $\mathfrak{S}_1$ zugehörige rationale Funktion zu sein braucht, $\tau(\varrho_1, \varrho_2, \ldots, \varrho_k)$ kann auch bei einem $\mathfrak{S}_1$ umfassenden, in $\mathfrak{S}$ enthaltenen Transmutationssystem $\mathfrak{S}_1^*$ ungeändert bleiben, also zu $\mathfrak{S}_1^*$ gehören. Enthält $\mathfrak{S}_1^*$ die Anzahl s_1^* von Transmutationen des Systems $\mathfrak{S}$, so ist nach Voraussetzung $s_1^* \geqq s_1$, weiter sind nach dem Satz 2 sowohl $\frac{s}{s_1}$ als auch $\frac{s}{s_1^*}$ ganze Zahlen. Schließlich gilt auch das Gleiche für $\frac{s_1^*}{s_1}$, denn, da $\tau(\varrho_1, \varrho_2, \ldots, \varrho_k)$ eine zu $\mathfrak{S}_1^*$ zugehörige rationale Funktion ist, wird nach Satz 3 bei Zugrundelegung des Körpers $(P; \tau)$ das Transmutationssystem der Dirigenten $\varrho_1, \varrho_2, \ldots, \varrho_k$ durch $\mathfrak{S}_1^*$ mit seinen s_1^* Transmutationen gegeben. Adjungiert man jetzt zu dem Körper $(P; \tau)$ die rationale Funktion $\sigma_1(\varrho_1, \varrho_2, \ldots, \varrho_k)$, so erweist sich der

Körper $(P; \tau, \sigma_1)$, da $\tau(\varrho_1, \varrho_2, \ldots, \varrho_k)$ eine rationale Funktion von $\sigma_1(\varrho_1, \varrho_2, \ldots, \varrho_k)$ war, als identisch mit dem Körper $(P; \sigma_1)$. Bei Zugrundelegung des Körpers $(P; \tau)$ besteht das Transmutationssystem der Dirigenten $\varrho_1, \varrho_2, \ldots, \varrho_k$ aus $\mathfrak{S}_1^*$ mit s_1^* Transmutationen, während es sich bei Wahl des Grundkörpers $(P; \tau, \sigma_1)$ wegen seiner Identität mit $(P; \sigma_1)$ auf $\mathfrak{S}_1$ mit s_1 Transmutationen reduziert; mithin ist nach Satz 2 der Bruch $\frac{s_1^*}{s_1}$ eine ganze Zahl.

Wir erweitern nunmehr den Satz 3 in folgender Weise und gewinnen

Satz 4. $\sigma_1(\varrho_1, \varrho_2, \ldots, \varrho_k), \sigma_2(\varrho_1, \varrho_2, \ldots, \varrho_k), \ldots, \sigma_l(\varrho_1, \varrho_2, \ldots, \varrho_k)$ seien l rationale Funktionen von $\varrho_1, \varrho_2, \ldots, \varrho_k$ mit Koeffizienten aus P. Dabei genüge σ_1 einer in P irreduziblen Gleichung $Y_1(x) = 0$ vom Grade t_1 mit Koeffizienten aus P, weiter σ_2 einer im Körper $(P; \sigma_1)$ irreduziblen Gleichung $Y_2(x; \sigma_1) = 0$ vom Grade t_2 mit Koeffizienten aus $(P; \sigma_1)$, ferner befriedigt σ_3 eine im Körper $(P; \sigma_1, \sigma_2)$ irreduzible Gleichung $Y_3(x; \sigma_1, \sigma_2) = 0$ mit Koeffizienten aus $(P; \sigma_1, \sigma_2)$ vom Grade t_3 und so weiter, schließlich genüge σ_l einer im Körper $(P; \sigma_1, \sigma_2, \ldots, \sigma_{l-1})$ irreduziblen Gleichung $Y_l(x; \sigma_1, \sigma_2, \ldots, \sigma_{l-1}) = 0$ mit Koeffizienten aus $(P; \sigma_1, \sigma_2, \ldots, \sigma_{l-1})$ vom Grade t_l. Wählt man den Körper $(P; \sigma_1, \sigma_2, \ldots, \sigma_l)$ als Grundkörper, so besteht das Transmutationssystem der Dirigenten $\varrho_1, \varrho_2, \ldots, \varrho_k$ des Körpers $(P; \sigma_1, \sigma_2, \ldots, \sigma_l \mid \varrho_1, \varrho_2, \ldots, \varrho_k)$[1]) aus einem Untersystem $\mathfrak{S}_{12\ldots l}$ von $\mathfrak{S}$ mit $s_{12\ldots l} = \frac{s}{t_1 t_2 \ldots t_l}$ Transmutationen; dabei ist $\mathfrak{S}_{12\ldots l}$ der Durchschnitt der in $\mathfrak{S}$ enthaltenen Transmutationen $\mathfrak{S}_1, \mathfrak{S}_2, \ldots, \mathfrak{S}_l$, wobei $\mathfrak{S}_i$ $(i = 1, 2, \ldots, l)$ den Inbegriff derjenigen Transmutationen von $\mathfrak{S}$ bedeutet, bei denen σ_i seinen Wert nicht ändert. Jede rationale Funktion $\tau(\varrho_1, \varrho_2, \ldots, \varrho_k)$ der Größen $\varrho_1, \varrho_2, \ldots, \varrho_k$, die bei allen Transmutationen von $\mathfrak{S}_{12\ldots l}$ denselben Wert besitzt, ist eine rationale Funktion der l Größen $\sigma_1, \sigma_2, \ldots, \sigma_l$ mit Koeffizienten aus P. (Für $l = 1$ ergibt sich Satz 3).

Adjungiert man $\sigma_i(\varrho_1, \varrho_2, \ldots, \varrho_k)$ zum Körper P, so reduziert sich das Transmutationssystem der Dirigenten $\varrho_1, \varrho_2, \ldots, \varrho_k$ bei Zugrundelegung des Körpers $(P; \sigma_i)$ nach dem Satz 3 auf diejenigen Transmutationen $\mathfrak{S}_i$ von $\mathfrak{S}$, die σ_i nicht ändern. Mithin kann nach der Adjunktion von $\sigma_1, \sigma_2, \ldots, \sigma_l$ zum Körper P das Transmutationssystem der

[1]) Den Grundkörper machen wir im Folgenden durch einen beigefügten Strich kenntlich.

Dirigenten $\varrho_1, \varrho_2, \ldots, \varrho_k$ des Körpers $(P; \sigma_1, \sigma_2, \ldots, \sigma_l | \varrho_1, \varrho_2, \ldots, \varrho_k)$, wo $(P; \sigma_1, \sigma_2, \ldots, \sigma_l)$ der Grundkörper ist, nur aus denjenigen Transmutationen $\mathfrak{S}_{12\ldots l}$ von $\mathfrak{S}$ bestehen, die sowohl $\mathfrak{S}_1$, als auch $\mathfrak{S}_2, \mathfrak{S}_3, \ldots, \mathfrak{S}_l$ angehören, also den Durchschnitt von $\mathfrak{S}_1, \mathfrak{S}_2, \ldots, \mathfrak{S}_l$ bilden. Um noch zu zeigen, daß auch tatsächlich jede Transmutation von $\mathfrak{S}$, die dem Durchschnitt $\mathfrak{S}_{12\ldots l}$ von $\mathfrak{S}_1, \mathfrak{S}_2, \ldots, \mathfrak{S}_l$ angehört, in dem Transmutationssystem der Dirigenten $\varrho_1, \varrho_2, \ldots, \varrho_k$ des Körpers $(P; \sigma_1, \sigma_2, \ldots, \sigma_l | \varrho_1, \varrho_2, \ldots, \varrho_k)$ bei Wahl von $(P; \sigma_1, \sigma_2, \ldots, \sigma_l)$ als Grundkörper enthalten ist, betrachten wir irgend eine Gleichung zwischen $\varrho_1, \varrho_2, \ldots, \varrho_k$ mit Koeffizienten aus $(P; \sigma_1, \sigma_2, \ldots, \sigma_l)$. Eine solche Gleichung hat die Form $\gamma\,(\varrho_1, \varrho_2, \ldots, \varrho_k, \sigma_1, \sigma_2, \ldots, \sigma_l) = 0$ mit Koeffizienten aus P. Da σ_i $(i = 1, 2, \ldots, l)$ rationale Funktionen von $\varrho_1, \varrho_2, \ldots, \varrho_k$ voraussetzungsgemäß sind, ist $\gamma\,(\varrho_1, \varrho_2, \ldots, \varrho_k, \sigma_1, \sigma_2, \ldots, \sigma_l) = 0$ eine Gleichung mit Koeffizienten aus P zwischen $\varrho_1, \varrho_2, \ldots, \varrho_k$ und muß demnach wie jede solche richtige Gleichung alle Transmutationen aus $\mathfrak{S}$ gestatten, also im besonderen auch diejenigen von $\mathfrak{S}_{12\ldots l}$, bei denen jede der Größen $\sigma_1, \sigma_2, \ldots, \sigma_l$ sich nicht ändert. Hiermit ist nachgewiesen, daß $\mathfrak{S}_{12}, \ldots_l$ das Transmutationssystem im erweiterten Grundkörper ist.

Die Anzahl der Transmutationen von $\mathfrak{S}_{12\ldots l}$ sei $s_{12\ldots l}$; es ist noch nachzuweisen, daß $s_{12\ldots l} = \frac{s}{t_1\, t_2 \ldots t_l}$ ist. Bedeutet s_1 die Anzahl der Transmutationen von $\mathfrak{S}_1$, die σ_1 nicht ändern, so ist nach Satz 1 der Grad t_1 der irreduziblen Gleichung mit Koeffizienten aus P, die durch σ_1 befriedigt wird, $t_1 = \frac{s}{s_1}$. Durch Adjunktion von σ_2 zum Körper $(P; \sigma_1)$ reduziert sich nach dem Obigen das Transmutationssystem $\mathfrak{S}_1$ der Größen $\varrho_1, \varrho_2, \ldots, \varrho_k$ auf $\mathfrak{S}_{12}$, den Durchschnitt von $\mathfrak{S}_1$ und $\mathfrak{S}_2$, wobei $\mathfrak{S}_{12}$ die Anzahl s_{12} Transmutationen enthalte. Da σ_2 bei s_{12} der Transmutationen von $\mathfrak{S}_2$ ungeändert bleibt, ist der Grad der irreduziblen Gleichung mit Koeffizienten aus $(P; \sigma_1)$, die durch σ_2 befriedigt wird, nach Satz 1 gegeben durch $t_2 = \frac{s_1}{s_{12}}$. Bei Wahl des Grundkörpers $(P; \sigma_1, \sigma_2, \sigma_3)$ reduziert sich das Transmutationssystem $\mathfrak{S}_{12}$ weiter auf $\mathfrak{S}_{123}$, den Durchschnitt von $\mathfrak{S}_1, \mathfrak{S}_2, \mathfrak{S}_3$, den man auch als Durchschnitt von $\mathfrak{S}_{12}$ mit $\mathfrak{S}_3$ bezeichnen kann, $\mathfrak{S}_{123}$ enthalte s_{123} Transmutationen. Da σ_3 bei den s_{123} in $\mathfrak{S}_{12}$ auftretenden Transmutationen von $\mathfrak{S}_{123}$ seinen Wert nicht ändert, genügt σ_3 nach Satz 1 im Körper $(P; \sigma_1, \sigma_2)$ einer in diesem Körper irreduziblen Gleichung vom Grade $t_3 = \frac{s_{12}}{s_{123}}$. So fortfahrend, erhält man man $t_4 = \frac{s_{123}}{s_{1234}}$ usw., schließlich $t_l = \frac{s_{12\ldots l-1}}{s_{12\ldots l-1\,l}}$. Durch Multiplikation der gefundenen Gleichungen ergibt sich die gewünschte Relation $t_1\, t_2 \ldots t_l = \frac{s}{s_{12\ldots l}}$. Um noch die letzte Aussage des Satzes 4 darzutun, betrachten wir irgend eine rationale Funktion $\tau(\varrho_1, \varrho_2, \ldots, \varrho_k)$ der Größen $\varrho_1, \varrho_2, \ldots \varrho_k$. Bleibt diese bei allen Transmutationen $\mathfrak{S}_{12\ldots l}$ der Größen $\varrho_1, \varrho_2, \ldots, \varrho_k$ ihrem Wert nach ungeändert, so heißt dies: $\tau(\varrho_1, \varrho_2, \ldots, \varrho_k)$ gestattet die Gesamtheit aller Transmutationen der Dirigenten $\varrho_1, \varrho_2, \ldots, \varrho_k$ bei der Wahl des Grundkörpers $(P; \sigma_1, \sigma_2, \ldots, \sigma_l)$. Mithin muß τ nach Satz 3 des § 1 diesem Körper angehören, also ist τ eine rationale Funktion von $\sigma_1, \sigma_2, \ldots \sigma_l$ mit Koeffizienten aus P.

Aus Satz 4 ziehen wir zwei wichtige Folgerungen:

Satz 4_1. Unter Verwendung derselben Bezeichnungen wie im Satz 4 ist wegen $t_1 t_2 \ldots t_l = \frac{s}{s_{12\ldots l}}$ stets $t_1 t_2 \ldots t_l \leqq s$. Dann und nur dann, wenn $t_1 t_2 \ldots t_l = s$, also $s_{12\ldots l} = 1$ ist, läßt sich jede rationale Funktion von $\varrho_1, \varrho_2, \ldots, \varrho_k$ auch als rationale Funktion von $\sigma_1, \sigma_2, \ldots, \sigma_l$ darstellen; die Körper $(P; \varrho_1, \varrho_2, \ldots, \varrho_k)$ und $(P; \sigma_1, \sigma_2, \ldots, \sigma_l)$ sind identisch.

Ist $t_1 t_2 \ldots t_l = s$, also $s_{12\ldots l} = 1$, so besteht $\mathfrak{S}_{12\ldots l}$ nur aus der identischen Transmutation $\begin{pmatrix} \varrho_1 & \varrho_2 & \cdots & \varrho_k \\ \varrho_1 & \varrho_2 & \cdots & \varrho_k \end{pmatrix}$. Mithin läßt sich das Transmutationssystem der Dirigenten $\varrho_1, \varrho_2, \ldots, \varrho_k$ des Körpers $(P; \sigma_1, \sigma_2, \ldots, \sigma_l \mid \varrho_1, \varrho_2, \ldots, \varrho_k)$ auf alle rationalen Funktionen von $\varrho_1, \varrho_2, \ldots, \varrho_k$ mit Koeffizienten aus dem Grundkörper $(P; \sigma_1, \sigma_2, \ldots, \sigma_l)$ ausführen. Eine jede rationale Funktion von $\varrho_1, \varrho_2, \ldots, \varrho_k$ gehört daher dem Körper $(P; \sigma_1, \sigma_2, \ldots, \sigma_l)$ an und ist eine rationale Funktion von $\sigma_1, \sigma_2, \ldots, \sigma_l$ mit Koeffizienten aus P.

Ist hingegen $s_{12\ldots l} > 1$, also $t_1 t_2 \ldots t_l = \frac{s}{s_{12\ldots l}} < s$, so enthält $\mathfrak{S}_{12\ldots l}$ mindestens eine von der identischen Transmutation $\begin{pmatrix} \varrho_1 \varrho_2 \cdots \varrho_k \\ \varrho_1 \varrho_2 \cdots \varrho_k \end{pmatrix}$ verschiedene Transmutation T, diese führt mindestens eine der Größen $\varrho_1, \varrho_2, \ldots, \varrho_k$, etwa ϱ_a in eine mit ϱ_a nicht übereinstimmende Größe ϱ_a' über. Die Größe ϱ_a gehört dann nicht dem Körper $(P; \sigma_1, \sigma_2, \ldots, \sigma_l)$ an. Würde nämlich ϱ_a einen dem Körper $(P; \sigma_1, \sigma_2, \ldots, \sigma_l)$ angehörigen Wert c haben, so müßten nach Satz 2 des § 1 auf $\varrho_a - c = 0$ alle Transmutationen der Dirigenten $\varrho_1, \varrho_2, \ldots, \varrho_k$ des Körpers $(P; \sigma_1, \sigma_2, \ldots, \sigma_l \mid \varrho_1, \varrho_2, \ldots, \varrho_k)$, also im besonderen auch die Transmutation T, anwendbar sein. Hierdurch würde man $\varrho_a' - c = 0$, also im Widerspruch zu unserer Voraussetzung $\varrho_a \neq \varrho_a'$ die Gleichheit $\varrho_a = \varrho_a'$ erhalten. Folglich gehört ϱ_a nicht dem Körper $(P; \sigma_1, \sigma_2, \ldots, \sigma_l)$ an, und es sind im Falle $t_1 t_2 \ldots t_l < s$ nicht alle rationalen Funktionen von $\varrho_1, \varrho_2, \ldots, \varrho_k$ auch solche von $\sigma_1, \sigma_2, \ldots, \sigma_l$.

Die zweite aus Satz 4 sich ergebende Folgerung ist

Satz 4_2. Die Größen $\sigma_1, \sigma_2, \ldots, \sigma_l$ mögen die gleiche Bedeutung wie im Satz 4 haben und σ_i genüge der in $(P; \sigma_1, \sigma_2, \ldots, \sigma_{i-1})$ irreduziblen Gleichung $Y_i(x; \sigma_1, \sigma_2, \ldots, \sigma_{i-1}) = 0$ vom Grade t_i $(i = 1, 2, \ldots, l)$. Es seien $\sigma_{\delta_1}, \sigma_{\delta_2}, \ldots, \sigma_{\delta_l}$ die Größen $\sigma_1, \sigma_2, \ldots, \sigma_l$ in irgendwelcher Reihenfolge. Im Körper $(P; \sigma_{\delta_1}, \sigma_{\delta_2}, \ldots, \sigma_{\delta_{i-1}})$ genüge σ_{δ_i} $(i = 1, 2, \ldots, l)$ einer irreduziblen Gleichung $Y_i^*(x; \sigma_{\delta_1}, \sigma_{\delta_2}, \ldots, \sigma_{\delta_{i-1}}) = 0$ mit Koeffizienten aus $(P; \sigma_{\delta_1}, \sigma_{\delta_2}, \ldots, \sigma_{\delta_{i-1}})$ vom Grade t_i^*. Dann ist stets $t_1 t_2 \ldots t_l = t_1^* t_2^* \ldots t_l^*$.

Nach Satz 4 ist nämlich sowohl $t_1 t_2 \ldots t_l$ als auch $t_1^* t_2^* \ldots t_l^*$, da $\sigma_1, \sigma_2, \ldots, \sigma_l$ und $\sigma_{\delta_1}, \sigma_{\delta_2}, \ldots, \sigma_{\delta_l}$, abgesehen von der Reihenfolge, die nämlichen Größen sind, gleich $\frac{s}{s_{12\ldots l}}$.

Wählt man in Satz 4_2 die Zahl $l = 2$, weiter $\sigma_1 = \varrho_1$, $\sigma_2 = \varrho_2$, also $\sigma_{\delta_1} = \varrho_2$, $\sigma_{\delta_2} = \varrho_1$, so ergibt diese Spezialisierung nichts anderes als den KRONECKER-KNESERschen[1]) Satz: Genügen ϱ_1 und ϱ_2 im Körper P irreduziblen Gleichungen t_1 bzw. t_1^*-ten Grades und befriedigt ϱ_2 nach Adjunktion von ϱ_1 im Körper $(P; \varrho_1)$ eine irreduzible Gleichung t_2-ten Grades, während ϱ_1 im Körper $(P; \varrho_2)$ einer irreduziblen Gleichung t_2^*-ten Grades genügt, so ist $t_1 t_2 = t_1^* t_2^*$.

Für die folgenden Untersuchungen formulieren wir zunächst einen wichtigen Hilfssatz: Sind $\begin{pmatrix} \varrho_1 & \varrho_2 & \cdots & \varrho_k \\ \varrho_{1i} & \varrho_{2i} & \cdots & \varrho_{ki} \end{pmatrix}$ alle Transmutationen $\mathfrak{S}$ der Dirigenten $\varrho_1, \varrho_2, \ldots, \varrho_k$ des Körpers $(P; \varrho_1, \varrho_2, \ldots, \varrho_k)$ und ist $\begin{pmatrix} \varrho_1 & \varrho_2 & \cdots & \varrho_k \\ \varrho_{1a} & \varrho_{2a} & \cdots & \varrho_{ka} \end{pmatrix}$ eine beliebige, aber feste Transmutation aus $\mathfrak{S}$, also $\varrho_{1a}, \varrho_{2a}, \ldots, \varrho_{ka}$ Wurzeln der Gleichungskette $X_1(x) = 0$, $X_2(x; \varrho_{1a}) = 0$, $X_3(x; \varrho_{1a}, \varrho_{2a}) = 0, \ldots,$ $X_k(x; \varrho_{1a}, \varrho_{2a}, \ldots, \varrho_{k-1a}) = 0$, so werden alle Transmutationen der Dirigenten $\varrho_{1a}, \varrho_{2a}, \ldots, \varrho_{ka}$ des Körpers $(P; \varrho_{1a}, \varrho_{2a}, \ldots, \varrho_{ka})$ durch $\begin{pmatrix} \varrho_{1a} & \varrho_{2a} & \cdots & \varrho_{ka} \\ \varrho_{1i} & \varrho_{2i} & \cdots & \varrho_{ki} \end{pmatrix}$ gegeben, wobei sich nur der Zähler geändert hat.

Nach dem im § 1 auf Seite 8 bewiesenen Hilfssatze sind die Gleichungen $X_1(x) = 0$, $X_2(x; \varrho_{1a}) = 0$, $X_3(x; \varrho_{1a}, \varrho_{2a}) = 0, \ldots,$ $X_k(x; \varrho_{1a}, \varrho_{2a}, \ldots, \varrho_{k-1a}) = 0$ irreduzibel in den Körpern P bzw.

---

[1]) A. KNESER, Math. Annalen **30** (1887), 195 vgl. auch A. LOEWY, Math. Zeitschrift **15** (1922), 265. Verallgemeinerung bei FRIEDRICH KARL SCHMIDT, Beiträge zur Algebra 4, diese Sitzungsberichte 1925, 5. Abhandlung, S. 21.

$(P; \varrho_{1a})$, $(P; \varrho_{1a}, \varrho_{2a})$ usw. $(P; \varrho_{1a}, \varrho_{2a}, \ldots, \varrho_{k-1a})$, also die ihnen genügenden Größen $\varrho_{1a}, \varrho_{2a}, \ldots, \varrho_{ka}$ mit den Größen $\varrho_1, \varrho_2, \ldots, \varrho_k$ gleichberechtigt. Das Transmutationssystem der Dirigenten $\varrho_{1a}, \varrho_{2a}, \ldots, \varrho_{ka}$ des Körpers $(P; \varrho_{1a}, \varrho_{2a}, \ldots, \varrho_{ka})$ besteht infolgedessen nach dem Satz 2 des § 1 aus den $s = h_1 h_2 \ldots h_k$ Transmutationen $\begin{pmatrix} \varrho_{1a} & \varrho_{2a} & \cdots & \varrho_{ka} \\ \varrho_{1i} & \varrho_{2i} & \cdots & \varrho_{ki} \end{pmatrix}$, wobei ϱ_{1i} alle Wurzeln von $X_1(x) = 0$, ϱ_{2i} alle Wurzeln von $X_2(x; \varrho_{1i}) = 0$ usw., schließlich ϱ_{ki} alle Wurzeln von $X_k(x; \varrho_{1i}, \varrho_{2i}, \ldots, \varrho_{k-1i}) = 0$ durchläuft.

Im Anschluß an den abgeleiteten Hilfssatz führen wir die Komposition oder die Zusammensetzung zweier konsekutiver Transmutationen ein. Zwei beliebige Transmutationen lassen sich nicht komponieren, wohl aber konsekutive. Für diese geben wir die folgende Definition: Zwei Transmutationen $\mathrm{P}_a = \begin{pmatrix} \varrho_{1a} & \varrho_{2a} & \cdots & \varrho_{ka} \\ \varrho_{1b} & \varrho_{2b} & \cdots & \varrho_{kb} \end{pmatrix}$ der Dirigenten $\varrho_{1a}, \varrho_{2a}, \ldots, \varrho_{ka}$ des Körpers $(P; \varrho_{1a}, \varrho_{2a}, \ldots, \varrho_{ka})$ und $\mathrm{P}_b = \begin{pmatrix} \varrho_{1b} & \varrho_{2b} & \cdots & \varrho_{kb} \\ \varrho_{1c} & \varrho_{2c} & \cdots & \varrho_{kc} \end{pmatrix}$ der Dirigenten $\varrho_{1b}, \varrho_{2b}, \ldots, \varrho_{kb}$ des Körpers $(P; \varrho_{1b}, \varrho_{2b}, \ldots, \varrho_{kb})$, bei denen der Nenner der ersten Transmutation mit dem Zähler der zweiten übereinstimmt, sollen in der Reihenfolge P_a, P_b konsekutive Transmutationen heißen. Aus zwei solchen kann man durch Komposition ihr Produkt $\mathrm{P}_a \mathrm{P}_b =$

$$\begin{pmatrix} \varrho_{1a} & \varrho_{2a} & \cdots & \varrho_{ka} \\ \varrho_{1b} & \varrho_{2b} & \cdots & \varrho_{kb} \end{pmatrix} \begin{pmatrix} \varrho_{1b} & \varrho_{2b} & \cdots & \varrho_{kb} \\ \varrho_{1c} & \varrho_{2c} & \cdots & \varrho_{kc} \end{pmatrix} = \begin{pmatrix} \varrho_{1a} & \varrho_{2a} & \cdots & \varrho_{ka} \\ \varrho_{1c} & \varrho_{2c} & \cdots & \varrho_{kc} \end{pmatrix}$$

ableiten. Dieses ist nach dem Hilfssatz eine Transmutation der Dirigenten $\varrho_{1a}, \varrho_{2a}, \ldots, \varrho_{ka}$ des Körpers $(P; \varrho_{1a}, \varrho_{2a}, \ldots, \varrho_{ka})$.

Sind P_a und P_b konsekutive Transmutationen und weiter P_b und P_c konsekutive Transmutationen, so sind, wenn $\mathrm{P}_c = \begin{pmatrix} \varrho_{1c} & \varrho_{2c} & \cdots & \varrho_{kc} \\ \varrho_{1d} & \varrho_{2d} & \cdots & \varrho_{kd} \end{pmatrix}$ ist, offenbar P_a und $\mathrm{P}_b \mathrm{P}_c = \begin{pmatrix} \varrho_{1b} & \varrho_{2b} & \cdots & \varrho_{kb} \\ \varrho_{1d} & \varrho_{2d} & \cdots & \varrho_{kd} \end{pmatrix}$ konsekutive Transmutationen, und das gleiche gilt für $\mathrm{P}_a \mathrm{P}_b$ und P_c. Weiter ist ersichtlich $\mathrm{P}_a (\mathrm{P}_b \mathrm{P}_c) = (\mathrm{P}_a \mathrm{P}_b) \mathrm{P}_c = \begin{pmatrix} \varrho_{1a} & \varrho_{2a} & \cdots & \varrho_{ka} \\ \varrho_{1d} & \varrho_{2d} & \cdots & \varrho_{kd} \end{pmatrix}$, d. h. für die Produktbildung ist das assoziative Gesetz erfüllt.

Im Körper $(P; \varrho_{1a}, \varrho_{2a}, \ldots, \varrho_{ka})$ ist die Identität $\begin{pmatrix} \varrho_{1a} & \varrho_{2a} & \cdots & \varrho_{ka} \\ \varrho_{1a} & \varrho_{2a} & \cdots & \varrho_{ka} \end{pmatrix}$ eine Transmutation der Dirigenten $\varrho_{1a}, \varrho_{2a}, \ldots, \varrho_{ka}$. Bedeutet $\mathrm{P}_a = \begin{pmatrix} \varrho_{1a} & \varrho_{2a} & \cdots & \varrho_{ka} \\ \varrho_{1b} & \varrho_{2b} & \cdots & \varrho_{kb} \end{pmatrix}$ eine beliebige Transmutation, so ist auf Grund unseres Hilfssatzes auch $\begin{pmatrix} \varrho_{1b} & \varrho_{2b} & \cdots & \varrho_{kb} \\ \varrho_{1a} & \varrho_{2a} & \cdots & \varrho_{ka} \end{pmatrix}$ eine Transmutation. Die zuletzt genannte Transmutation ist eine solche der Dirigenten $\varrho_{1b}, \varrho_{2b}, \ldots, \varrho_{kb}$ des Körpers $(P; \varrho_{1b}\ \varrho_{2b}, \ldots, \varrho_{kb})$. Sie soll als die inverse Transmutation P_a^{-1} von P_a bezeichnet werden. Ersichtlich sind sowohl P_a und P_a^{-1} als auch P_a^{-1} und P_a konsekutive Transmutationen, und man hat $P_a \cdot P_a^{-1} = \begin{pmatrix} \varrho_{1a} & \varrho_{2a} & \cdots & \varrho_{ka} \\ \varrho_{1a} & \varrho_{2a} & \cdots & \varrho_{ka} \end{pmatrix}$ gleich der identischen Transmutation der Dirigenten $\varrho_{1a}, \varrho_{2a}, \ldots, \varrho_{ka}$ des Körpers $(P; \varrho_{1a}, \varrho_{2a}, \ldots, \varrho_{ka})$, während $P_a^{-1} P_a = \begin{pmatrix} \varrho_{1b} & \varrho_{2b} & \cdots & \varrho_{kb} \\ \varrho_{1b} & \varrho_{2b} & \cdots & \varrho_{kb} \end{pmatrix}$ gleich der identischen Transmutation der Dirigenten $\varrho_{1b}, \varrho_{2b}, \ldots, \varrho_{kb}$ des Körpers $(P; \varrho_{1b}, \varrho_{2b}, \ldots, \varrho_{kb})$ wird.

Bedeuten P_a und P_b zwei konsekutive Transmutationen, so sind $P_b^{-1} = \begin{pmatrix} \varrho_{1c} & \varrho_{2c} & \cdots & \varrho_{kc} \\ \varrho_{1b} & \varrho_{2b} & \cdots & \varrho_{kb} \end{pmatrix}$ und $P_a^{-1} = \begin{pmatrix} \varrho_{1b} & \varrho_{2b} & \cdots & \varrho_{kb} \\ \varrho_{1a} & \varrho_{2a} & \cdots & \varrho_{ka} \end{pmatrix}$ in der Reihenfolge P_b^{-1}, P_a^{-1} konsekutive Transmutationen, und ihr Produkt $P_b^{-1}\ P_a^{-1}$ ist die inverse Transmutation $(P_a\ P_b)^{-1}$ von $P_a\ P_b$.

Benützt man den Begriff der inversen Transmutation, so kann man dem **Hilfssatz** auf Seite 27 die folgende Fassung geben:

Ist $\mathfrak{S}$ das Transmutationssystem der Dirigenten $\varrho_1, \varrho_2, \ldots, \varrho_k$ des Körpers $(P; \varrho_1, \varrho_2, \ldots, \varrho_k)$ und bedeutet $P = \begin{pmatrix} \varrho_1 & \varrho_2 & \cdots & \varrho_k \\ \varrho_{1a} & \varrho_{2a} & \cdots & \varrho_{ka} \end{pmatrix}$ eine beliebige, feste Transmutation aus $\mathfrak{S}$, so sind P^{-1} und jede Transmutation aus $\mathfrak{S}$ konsekutive Transmutationen, und es läßt sich das Transmutationssystem der Dirigenten $\varrho_{1a}, \varrho_{2a}, \ldots, \varrho_{ka}$ des Körpers $(P; \varrho_{1a}, \varrho_{2a}, \ldots, \varrho_{ka})$ in der Form $P^{-1}\mathfrak{S}$ schreiben.

Nachdem wir im Satz 4 die Wirkung der Adjunktion von $\sigma_1, \sigma_2 \ldots, \sigma_l$ zum Körper P untersucht haben, behandeln wir, in Erweiterung der Sätze 1 und 2 dieses § auf den Fall von l Funktionen, das Transmutationssystem, das sich ergibt, wenn $\sigma_1, \sigma_2, \ldots, \sigma_l$ zu Dirigenten des Körpers $(P; \sigma_1, \sigma_2, \ldots, \sigma_l)$ gewählt werden.

Satz 5.[1]) *$\sigma_1(\varrho_1, \varrho_2, \ldots, \varrho_k), \sigma_2(\varrho_1, \varrho_2, \ldots, \varrho_k), \ldots, \sigma_l(\varrho_1, \varrho_2, \ldots, \varrho_k)$ seien rationale Funktionen von $\varrho_1, \varrho_2, \ldots, \varrho_k$ mit Koeffizienten aus P.*

σ_i genüge im Körper $(P; \sigma_1, \sigma_2, \ldots, \sigma_{i-1})$ der in diesem Körper irreduziblen Gleichung $Y_i(x; \sigma_1, \sigma_2, \ldots, \sigma_{i-1}) = 0$ vom Grade t_i $(i = 1, 2, \ldots, l)$. Dann besteht die Gesamtheit Σ der Transmutationen $\begin{pmatrix} \sigma_1 & \sigma_2 & \cdots & \sigma_l \\ \sigma_{1i} & \sigma_{2i} & \cdots & \sigma_{li} \end{pmatrix}$ der Dirigenten $\sigma_1, \sigma_2, \ldots, \sigma_l$ des Körpers $(P; \sigma_1, \sigma_2, \ldots, \sigma_l)$ aus $t_1\, t_2 \ldots t_l = \dfrac{s}{s_{12\cdots l}}$ Transmutationen.

[1]) Dieser Satz ist für das Folgende entbehrlich.

Durch die l Funktionen $\sigma_1, \sigma_2, \ldots, \sigma_l$ wird das Transmutationssystem $\mathfrak{S}$ der Dirigenten $\varrho_1, \varrho_2, \ldots, \varrho_k$ des Körpers $(P; \varrho_1, \varrho_2, \ldots, \varrho_k)$ in $t = t_1 t_2 \ldots t_l = \frac{s}{s_{12\ldots l}}$ Komplexe $\mathfrak{S}_{12\ldots l}, \bar{\mathfrak{S}}_{12}^{(1)}{}_{\ldots l}, \bar{\mathfrak{S}}_{12}^{(2)}{}_{\ldots l}, \ldots, \bar{\mathfrak{S}}_{12}^{(t-1)}{}_{\ldots l}$ zerlegt, also

$$\mathfrak{S} = \mathfrak{S}_{12\ldots l} + \bar{\mathfrak{S}}_{12}^{(1)}{}_{\ldots l} + \bar{\mathfrak{S}}_{12}^{(2)}{}_{\ldots l} + \ldots + \bar{\mathfrak{S}}_{12}^{(t-1)}{}_{\ldots l},$$

wobei jeder der t Komplexe gleichviel, nämlich $s_{12\ldots l} = \frac{s}{t}$ Transmutationen enthält. Zwischen den Transmutationssystemen $\mathfrak{S}$ und Σ besteht folgender Zusammenhang: Jedem der t Komplexe $\bar{\mathfrak{S}}_{12}^{(i)}{}_{\ldots l}$ $(i = 0, 1, 2, \ldots, t-1,\ \bar{\mathfrak{S}}_{12}^{(0)}{}_{\ldots l} = \mathfrak{S}_{12\ldots l})$ entspricht eine und nur eine der Transmutationen $\begin{pmatrix}\sigma_1 & \sigma_2 & \ldots & \sigma_l\\ \sigma_{1i} & \sigma_{2i} & \ldots & \sigma_{li}\end{pmatrix}$. Bedeutet $P_i = \begin{pmatrix}\varrho_1 & \varrho_2 & \ldots & \varrho_k\\ \varrho_{1i} & \varrho_{2i} & \ldots & \varrho_{ki}\end{pmatrix}$ irgendeine beliebige Transmutation aus dem Komplex $\bar{\mathfrak{S}}_{12}^{(i)}{}_{\ldots l}$ $(i = 0, 1, 2, \ldots, t-1)$; so findet man die zugeordnete Transmutation $\begin{pmatrix}\sigma_1 & \sigma_2 & \ldots & \sigma_l\\ \sigma_{1i} & \sigma_{2i} & \ldots & \sigma_{li}\end{pmatrix}$ mittels der Relationen

$$\sigma_{ji} = \sigma_j(\varrho_{1i}, \varrho_{2i}, \ldots, \varrho_{ki}) \quad (j = 1, 2, \ldots, l).$$

Versteht man unter $P_{a_i} = \begin{pmatrix}\varrho_1 & \varrho_2 & \ldots & \varrho_k\\ \varrho_{1a_i} & \varrho_{2a_i} & \ldots & \varrho_{ka_i}\end{pmatrix}$ irgendeine feste, beliebig gewählte Transmutation aus dem Komplex $\bar{\mathfrak{S}}_{12}^{(i)}{}_{\ldots l}$, bedeutet weiter $\mathfrak{S}_j{}^{(i)}{}_{a_i}$, wobei j eine beliebige, aber feste der Zahlen $1, 2, \ldots, l$ bedeutet, diejenigen Transmutationen aus dem Transmutationssystem $P_{a_i}^{-1}\,\mathfrak{S}$ (vgl. Hilfssatz auf Seite 29) der Dirigenten $\varrho_{1a_i}, \varrho_{2a_i}, \ldots, \varrho_{ka_i}$ des Körpers $(P; \varrho_{1a_i}, \varrho_{2a_i}, \ldots, \varrho_{ka_i})$, bei denen sich die Funktion $\sigma_j(\varrho_{1a_i}, \varrho_{2a_i}, \ldots, \varrho_{ka_i})$ ihrem Werte nach nicht ändert, und durchläuft $\mathfrak{S}_{12\ldots l\{a_i\}}^{(i)}$ die Gesamtheit der den Transmutationssystemen $\mathfrak{S}_{1\,a_i}^{(i)}, \mathfrak{S}_{2\,a_i}^{(i)}, \ldots, \mathfrak{S}_{l\,a_i}^{(i)}$ gemeinsamen Transmutationen, ist also $\mathfrak{S}_{12\ldots l\{a_i\}}^{(i)}$ der Durchschnitt von $\mathfrak{S}_{1\,a_i}^{(i)}, \mathfrak{S}_{2\,a_i}^{(i)}, \ldots, \mathfrak{S}_{l\,a_i}^{(i)}$, so lassen sich alle Transmutationen des Komplexes $\bar{\mathfrak{S}}_{12\ldots l}^{(i)}$ als Produkt der Form

$$\bar{\mathfrak{S}}_{12\ldots l}^{(i)} = P_{a_i}\,\mathfrak{S}_{12\ldots l\{a_i\}}^{(i)}$$

schreiben, und für $\mathfrak{S}$ gilt die Zerlegung[1])

$$(*)\quad \mathfrak{S} = P_{a_0}\,\mathfrak{S}_{12\ldots l\{a_0\}}^{(0)} + P_{a_1}\,\mathfrak{S}_{12\ldots l\{a_1\}}^{(1)} + P_{a_2}\,\mathfrak{S}_{12\ldots l\{a_2\}}^{(2)} + \ldots + P_{a_{t-1}}\,\mathfrak{S}_{12\ldots l\{a_{t-1}\}}^{(t-1)}$$

---

[1]) Für P_{a_0} kann man im besondern die identische Transmutation $\begin{pmatrix}\varrho_1 & \varrho_2 & \ldots & \varrho_k\\ \varrho_1 & \varrho_2 & \ldots & \varrho_k\end{pmatrix}$ nehmen und unter $\mathfrak{S}_{12\ldots l\{a_0\}}^{(0)}$ dieser Wahl entsprechend den Durchschnitt von $\mathfrak{S}_1, \mathfrak{S}_2, \ldots, \mathfrak{S}_l$ verstehen.

Wir zeigen zuerst, daß die gegebenen l Funktionen $\sigma_1(\varrho_1, \varrho_2, \ldots, \varrho_k)$, $\sigma_2(\varrho_1, \varrho_2, \ldots, \varrho_k), \ldots, \sigma_l(\varrho_1, \varrho_2, \ldots, \varrho_k)$ eine Zerlegung des Transmutationssystems $\mathfrak{S}$ von der Form (*) unseres Satzes bestimmen. Nach dem Satz 4 bleiben die Funktionen $\sigma_1(\varrho_1, \varrho_2, \ldots, \varrho_k)$, $\sigma_2(\varrho_1, \varrho_2, \ldots, \varrho_k), \ldots,$ $\sigma_l(\varrho_1, \varrho_2, \ldots, \varrho_k)$ bei den $s_{12\ldots l} = \frac{s}{t_1 t_2 \ldots t_l}$ Transmutationen $\mathfrak{S}_{12\ldots l}$ ungeändert, die den Durchschnitt von $\mathfrak{S}_1, \mathfrak{S}_2, \ldots, \mathfrak{S}_l$ bilden; dabei bedeutet $\mathfrak{S}_j$ die Gesamtheit derjenigen Transmutationen aus $\mathfrak{S}$, bei denen $\sigma_j(\varrho_1, \varrho_2, \ldots, \varrho_k)$ seinen Wert beibehält $(j = 1, 2, \ldots, l)$. Ist $\mathrm{P}_{a_i} = \begin{pmatrix} \varrho_1 & \varrho_2 & \cdots & \varrho_k \\ \varrho_{1a_i} & \varrho_{2a_i} & \cdots & \varrho_{ka_i} \end{pmatrix}$ irgendeine Transmutation aus $\mathfrak{S}$, so sind, wie im § 1 gezeigt, die Größen $\varrho_{1a_i}, \varrho_{2a_i}, \ldots, \varrho_{ka_i}$ mit $\varrho_1, \varrho_2, \ldots, \varrho_k$ in jeder Weise gleichberechtigt. Bedeutet demnach $\mathfrak{S}_{ja_i}^{(i)}$ die Gesamtheit derjenigen Transmutationen aus dem Transmutationssystem $\mathrm{P}_{a_i}^{-1}\mathfrak{S}$ der Dirigenten $\varrho_{1a_i}, \varrho_{2a_i}, \ldots, \varrho_{ka_i}$ des Körpers $(P; \varrho_{1a_i}, \varrho_{2a_i}, \ldots, \varrho_{ka_i})$, bei denen die Funktion $\sigma_j(\varrho_{1a_i}, \varrho_{2a_i}, \ldots, \varrho_{ka_i})$ ihren Wert beibehält, weiter $\mathfrak{S}_{12\ldots l\,\{a_i\}}^{(i)}$ den Durchschnitt von $\mathfrak{S}_{1\,\{a_i\}}^{(i)}, \mathfrak{S}_{2\,\{a_i\}}^{(i)}, \ldots, \mathfrak{S}_{l\,\{a_i\}}^{(i)}$, so umfaßt $\mathfrak{S}_{12\ldots l\,\{a_i\}}^{(i)}$ genau $s_{12\ldots l} = \frac{s}{t_1 t_2 \ldots t_l}$ Transmutationen der Dirigenten $\varrho_{1a_i}, \varrho_{2a_i}, \ldots, \varrho_{ka_i}$ aus dem Körper $(P; \varrho_{1a_i}, \varrho_{2a_i}, \ldots, \varrho_{ka_i})$, den P_{a_i} bestimmt. Nach dem Hilfssatz sind die Nenner des Transmutationssystems $\mathrm{P}_{a_i}^{-1}\mathfrak{S}$, also auch diejenigen seines Bestandteiles $\mathfrak{S}_{12\ldots l\,\{a_i\}}^{(i)}$ nur solche, die auch bei den Transmutationen von $\mathfrak{S}$ auftreten. Hieraus folgt, daß der Komplex $\mathrm{P}_{a_i}\mathfrak{S}_{12\ldots l\,\{a_i\}}^{(i)}$, bei dem nur der Zähler in $\varrho_1, \varrho_2, \ldots, \varrho_k$ verwandelt wurde, ebenso wie $\mathfrak{S}_{12\ldots l\,\{a_i\}}^{(i)}$ genau $s_{12\ldots l}$ verschiedene Transmutationen enthält. Die Transmutationen $\mathrm{P}_{a_i}\mathfrak{S}_{12\ldots l\,\{a_i\}}^{(i)}$ gehören $\mathfrak{S}$ an und führen die l Funktionen $\sigma_1(\varrho_1, \varrho_2, \ldots, \varrho_k)$, $\sigma_2(\varrho_1, \varrho_2, \ldots, \varrho_k), \ldots, \sigma_l(\varrho_1, \varrho_2, \ldots, \varrho_k)$ in $\sigma_1(\varrho_{1a_i}, \varrho_{2a_i}, \ldots, \varrho_{ka_i})$, $\sigma_2(\varrho_{1a_i}, \varrho_{2a_i}, \ldots, \varrho_{ka_i}) \ldots \sigma_l(\varrho_{1a_i}, \varrho_{2a_i}, \ldots, \varrho_{ka_i})$ oder in mit den zuletzt genannten Funktionen gleichwertige über.

Wir erbringen jetzt den Nachweis, daß mit den $s_{12\ldots l}$ Transmutationen $\mathrm{P}_{a_i}\mathfrak{S}_{12\ldots l\,\{a_i\}}^{(i)}$ alle Transmutationen aus $\mathfrak{S}$ erschöpft sind, durch die man die l Funktionen $\sigma_j(\varrho_1, \varrho_2, \ldots, \varrho_k)$ $(j = 1, 2, \ldots, l)$ in $\sigma_j(\varrho_{1a_i}, \varrho_{2a_i}, \ldots, \varrho_{ka_i})$ überführen kann. Angenommen, es gäbe noch eine weitere Transmutation $\mathrm{P}^* = \begin{pmatrix} \varrho_1 & \varrho_2 & \cdots & \varrho_k \\ \varrho_1^* & \varrho_2^* & \cdots & \varrho_k^* \end{pmatrix}$, die $\mathfrak{S}$, aber nicht seinem Untersystem $\mathrm{P}_{a_i}\mathfrak{S}_{12\ldots l\,\{a_i\}}^{(i)}$ angehört und das Funktionensystem $\sigma_j(\varrho_1, \varrho_2, \ldots, \varrho_k)$ $(j = 1, 2, \ldots, l)$ in $\sigma_j(\varrho_1^*, \varrho_2^*, \ldots, \varrho_k^*)$ überführt, wobei die zuletzt genannten l Funktionen mit $\sigma_j(\varrho_{1a_i}, \varrho_{2a_i}, \ldots, \varrho_{ka_i})$ gleichwertig seien. Dann würde $\mathrm{P}_{a_i}^{-1}\mathrm{P}^* = \begin{pmatrix} \varrho_{1a_i} & \varrho_{2a_i} & \cdots & \varrho_{ka_i} \\ \varrho_1 & \varrho_2 & \cdots & \varrho_k \end{pmatrix} \begin{pmatrix} \varrho_1 & \varrho_2 & \cdots & \varrho_k \\ \varrho_1^* & \varrho_2^* & \cdots & \varrho_k^* \end{pmatrix} =$

$\begin{pmatrix} \varrho_{1a_i} \varrho_{2a_i} \cdots \varrho_{ka_i} \\ \varrho_1{}^* \; \varrho_2{}^* \cdots \varrho_k{}^* \end{pmatrix}$ das Funktionensystem $\sigma_j\,(\varrho_{1a_i}, \varrho_{2a_i}, \ldots, \varrho_{ka_i})$ $(j = 1, 2, \ldots, l)$ in das mit ihm nach Annahme gleichwertige Funktionensystem $\sigma_j\,(\varrho_1{}^*, \varrho_2{}^* \ldots, \varrho_k{}^*)$ überführen. Da P* voraussetzungsgemäß eine Transmutation aus $\mathfrak{S}$ sein soll, der Nenner von $\mathrm{P}_{a_i}^{-1}\,\mathrm{P}^*$ mit dem von P* übereinstimmt, ist $\mathrm{P}_{a_i}^{-1}\,\mathrm{P}^* = \begin{pmatrix} \varrho_{1a_i} \varrho_{2a_i} \cdots \varrho_{ka_i} \\ \varrho_1{}^* \; \varrho_2{}^* \cdots \varrho_k{}^* \end{pmatrix}$ nach dem Hilfssatz auf Seite 29 eine Transmutation der Dirigenten $\varrho_{1a_i}, \varrho_{2a_i}, \ldots, \varrho_{ka_i}$ des Körpers $(P; \varrho_{1a_i}, \varrho_{2a_i}, \ldots, \varrho_{ka_i})$ und gehört mithin $\mathfrak{S}_{12\ldots l\,\{a_i\}}^{(i)}$ an. Dieser Komplex umfaßte aber sämtliche Transmutationen der Dirigenten $\varrho_{1a_i}, \varrho_{2a_i}, \ldots, \varrho_{ka_i}$ des Körpers $(P; \varrho_{1a_i}, \varrho_{2a_i}, \ldots, \varrho_{ka_i})$, bei denen die l Funktionen $\sigma_j\,(\varrho_{1a_i}, \varrho_{2a_i}, \ldots, \varrho_{ka_i})$ $(j = 1, 2, \ldots, l)$ ihre Werte nicht änderten. Mithin gehört die Transmutation $\mathrm{P}_{a_i}(\mathrm{P}_{a_i}^{-1}\,\mathrm{P}^*) = \mathrm{P}^*$ dem Komplex $\mathrm{P}_{a_i}\,\mathfrak{S}_{12\ldots l\,\{a_i\}}^{(i)}$ an; hiermit ist gezeigt, daß nur durch die $s_{12\ldots l} = \dfrac{s}{t_1\,t_2 \ldots t_l}$ Transmutationen $\mathrm{P}_{a_i}\,\mathfrak{S}_{12\ldots l\,\{a_i\}}^{(i)}$ die l Funktionen $\sigma_j\,(\varrho_1, \varrho_2, \ldots, \varrho_k)$ in die l Funktionen $\sigma_j\,(\varrho_{1a_i}, \varrho_{2a_i}, \ldots, \varrho_{ka_i})$ oder mit ihnen gleichwertige übergehen.

Durch die voraufgehenden Untersuchungen gewinnt man unmittelbar die gewünschte Zerlegung von $\mathfrak{S}$. Wir betrachten nunmehr zunächst die $s_{12\ldots l}$ Transmutationen $\mathrm{P}_{a_0}\,\mathfrak{S}_{12\ldots l\,\{a_0\}}^{(0)}$, bei denen sich die l Funktionen $\sigma_j\,(\varrho_1, \varrho_2, \ldots, \varrho_k)$ $(j = 1, 2, \ldots, l)$ ihrem Werte nach nicht ändern. $\mathrm{P}_{a_1} = \begin{pmatrix} \varrho_1 & \varrho_2 \cdots & \varrho_k \\ \varrho_{1a}, & \varrho_{2a}, \cdots, & \varrho_{ka} \end{pmatrix}$ sei eine Transmutation aus $\mathfrak{S}$, die sich nicht unter denjenigen des Komplexes $\mathrm{P}_{a_0}\,\mathfrak{S}_{12\ldots l\,\{a_0\}}^{(0)}$ befindet. Da nur die Transmutationen $\mathrm{P}_{a_0}\,\mathfrak{S}_{12\ldots l\,\{a_0\}}^{(0)}$ die l Funktionen $\sigma_j\,(\varrho_1, \varrho_2, \ldots, \varrho_k)$ $(j = 1, 2, \ldots, l)$ ihrem Werte nach nicht ändern, stimmen die mit Hilfe von P_{a_1} gebildeten Funktionen $\sigma_j\,(\varrho_{1a_1}, \varrho_{2a_1}, \ldots, \varrho_{ka_1})$ $(j = 1, 2, \ldots, l)$ nicht mit den l Ausgangsfunktionen $\sigma_j\,(\varrho_1, \varrho_2, \ldots \varrho_k)$ $(j = 1, 2, \ldots, l)$ im Werte überein.

Nach dem vorletzten Absatz werden die gegebenen l Funktionen $\sigma_j\,(\varrho_1, \varrho_2, \ldots, \varrho_k)$ $(j = 1, 2, \ldots, l)$ durch die $s_{12\ldots l}$ Transmutationen $\mathrm{P}_{a_1}\,\mathfrak{S}_{12\ldots l\,\{a_1\}}^{(1)}$ in die l Funktionen $\sigma_j\,(\varrho_{1a_1}, \varrho_{2a_1}, \ldots, \varrho_{ka_1})$ oder mit ihnen gleichwertige übergeführt. Da $\mathrm{P}_{a_0}\,\mathfrak{S}_{12\ldots l\,\{a_0\}}^{(0)}$ die l Funktionen $\sigma_j\,(\varrho_1, \varrho_2, \ldots \varrho_k)$ $(j = 1, 2, \ldots, l)$ ungeändert läßt, während sie durch $P_{a_1}\,\mathfrak{S}_{12\ldots l\,\{a_1\}}^{(1)}$ in $\sigma_j\,(\varrho_{1a_1}, \varrho_{2a_1}, \ldots, \varrho_{ka_1})$ $(j = 1, 2, \ldots l)$ transformiert werden, folgt, daß die zwei Komplexe $\mathrm{P}_{a_0}\,\mathfrak{S}_{12\ldots l\,\{a_0\}}^{(0)}$ und $\mathrm{P}_{a_1}\,\mathfrak{S}_{12\ldots l\,\{a_1\}}^{(1)}$ keine gemeinsamen Transmutationen besitzen, also insgesamt $2\,s_{12\ldots l}$ verschiedene Transmutationen umfassen. Greift man nun weiter eine weder in $\mathrm{P}_{a_0}\,\mathfrak{S}_{12\ldots l\,\{a_0\}}^{(0)}$ noch in $\mathrm{P}_{a_1}\,\mathfrak{S}_{12\ldots l\,\{a_1\}}^{(1)}$ enthaltene Transmutation $\mathrm{P}_{a_2} = \begin{pmatrix} \varrho_1 & \varrho_2 \cdots & \varrho_k \\ \varrho_{1a_2} & \varrho_{2a_2} \cdots & \varrho_{ka_2} \end{pmatrix}$ aus $\mathfrak{S}$ heraus, so muß das Funktionensystem $\sigma_j\ (\varrho_{1a_2}, \varrho_{2a_2}, \ldots, \varrho_{ka_2})\ (j = 1, 2, \ldots, l)$ von den zwei bereits betrachteten Funktionensystemen $\sigma_j\ (\varrho_1, \varrho_2, \ldots, \varrho_k)$ $(j = 1, 2, \ldots, l)$ und $\sigma_j\ (\varrho_{1a_1}, \varrho_{2a_1}, \ldots \varrho_{ka_1})\ (j = 1, 2, \ldots, l)$ verschieden sein; denn nur durch die Transmutationen von $\mathrm{P}_{a_0}\, \mathfrak{S}_{12\ldots l\,\{a_0\}}^{(0)}$ ändert sich das Ausgangsfunktionensystem $\sigma_j\ (\varrho_1, \varrho_2, \ldots, \varrho_k)\ (j = 1, 2, \ldots, l)$ nicht und bloß durch die Transmutationen von $\mathrm{P}_{a_1}\, \mathfrak{S}_{12\ldots l\,\{a_1\}}^{(1)}$ geht das Ausgangsfunktionensystem in $\sigma_j\ (\varrho_{1a_1}, \varrho_{2a_1}, \ldots, \varrho_{ka_1})\ (j = 1, 2, \ldots, l)$ über. Bildet man mittels P_{a_2} den Komplex $\mathrm{P}_{a_2}\, \mathfrak{S}_{12\ldots l\,\{a_2\}}^{(2)}$, so erhält man, da dieser Komplex zu einem neuwertigen Funktionensystem $\sigma_j\ (\varrho_{1a_2}, \varrho_{2a_2}, \ldots, \varrho_{ka_2})\ (j = 1, 2, \ldots, l)$ führt, weitere $s_{12\ldots l}$ Transmutationen aus $\mathfrak{S}$, die von den bereits vorhandenen $2\ s_{12\ldots l}$ verschieden sind. Fährt man auf diese Weise fort, aus $\mathfrak{S}$ immer neue Transmutationen herauszugreifen, bis $\mathfrak{S}$ erschöpft ist, so findet man die Zerlegung:

$$\mathfrak{S} = \mathrm{P}_{a_0}\, \mathfrak{S}_{12\ldots l\,\{a_0\}}^{(0)} + \mathrm{P}_{a_1}\, \mathfrak{S}_{12\ldots l\,\{a_1\}}^{(1)} + \ldots + \mathrm{P}_{a_{t-1}}\, \mathfrak{S}_{12\ldots l\,\{a_{t-1}\}}^{(t-1)},$$

wobei $t = \dfrac{s}{s_{12\ldots l}} = \dfrac{s}{t_1\, t_2 \ldots t_l}$ ist.

Da $\sigma_1, \sigma_2, \ldots, \sigma_l$ die Lösungen des Gleichungssystems $Y_1(x) = 0$, $Y_2(x; \sigma_1) = 0$, $Y_3(x; \sigma_1, \sigma_2) = 0, \ldots, Y_l(x; \sigma_1, \sigma_2, \ldots, \sigma_{l-1}) = 0$ sind, bestehen die Relationen $Y_1(\sigma_1(\varrho_1, \varrho_2, \ldots, \varrho_k)) = 0$,

$$Y_2\ (\sigma_2(\varrho_1, \varrho_2, \ldots, \varrho_k);\ \sigma_1(\varrho_1, \varrho_2, \ldots, \varrho_k)) = 0,$$
$$Y_3\ (\sigma_3(\varrho_1, \varrho_2, \ldots, \varrho_k);\ \sigma_1(\varrho_1, \varrho_2, \ldots, \varrho_k),\ \sigma_2(\varrho_1, \varrho_2, \ldots, \varrho_k)) = 0, \ldots,$$
$$Y_l\ (\sigma_l(\varrho_1, \varrho_2, \ldots, \varrho_k);\ \sigma_1(\varrho_1, \varrho_2, \ldots, \varrho_k),\ \sigma_2(\varrho_1, \varrho_2, \ldots, \varrho_k), \ldots,$$
$$\sigma_{l-1}(\varrho_1, \varrho_2, \ldots, \varrho_k)) = 0.$$

Auf diese richtigen Gleichungen zwischen $\varrho_1, \varrho_2, \ldots, \varrho_k$ mit Koeffizienten aus P lassen sich die Transmutationen aus $\mathfrak{S}$ anwenden. Ist $\mathrm{P}_i = \begin{pmatrix} \varrho_1 & \varrho_2 & \cdots & \varrho_k \\ \varrho_{1i} & \varrho_{2i} & \cdots & \varrho_{ki} \end{pmatrix}$ eine solche, so ergibt sich hierdurch $Y_1(\sigma_{1i}) = 0$, $Y_2(\sigma_{2i}; \sigma_{1i}) = 0$, $Y_3(\sigma_{3i}; \sigma_{1i}, \sigma_{2i}) = 0, \ldots, Y_l(\sigma_{li}; \sigma_{1i}, \sigma_{2i}, \ldots, \sigma_{l-1i}) = 0$, wobei $\sigma_{ji} = \sigma_j(\varrho_{1i}, \varrho_{2i}, \ldots, \varrho_{ki})\ (j = 1, 2, \ldots l)$.

Wie oben nachgewiesen wurde, existieren genau t verschiedene Systeme von je l Funktionen $\sigma_{1i}, \sigma_{2i}, \ldots, \sigma_{li}\ (i = 0, 1, 2, \ldots, t-1)$, die den t Komplexen $\mathrm{P}_{a_i}\, \mathfrak{S}_{12\ldots l\,\{a_i\}}^{(i)}$ entsprechen. Es gibt also $l = t_1\, t_2 \ldots t_l$ Symbole $\begin{pmatrix} \sigma_1 & \sigma_2 & \cdots & \sigma_l \\ \sigma_{1l} & \sigma_{2l} & \cdots & \sigma_{ll} \end{pmatrix}$, deren Nenner nicht übereinstimmen, so daß $\sigma_{1i}, \sigma_{2i}, \ldots, \sigma_{li}$ Lösungen der Gleichungskette $Y_1(x) = 0$, $Y_2(x; \sigma_{1i}) = 0$, $Y_3(x; \sigma_{1i}, \sigma_{2i}) = 0, \ldots, Y_l(x; \sigma_{1i}, \sigma_{2i}, \ldots, \sigma_{l-1i}) = 0$ sind. Da das Produkt der Grade der Gleichungen auch gleich t ist, hat man in $\begin{pmatrix} \sigma_1 & \sigma_2 & \cdots & \sigma_l \\ \sigma_{1i} & \sigma_{2i} & \cdots & \sigma_{li} \end{pmatrix}$ alle Transmutationen der Dirigenten $\sigma_1, \sigma_2, \ldots, \sigma_l$ des Körpers $(P; \sigma_1, \sigma_2, \ldots, \sigma_l)$, wobei $\sigma_1, \sigma_2, \ldots, \sigma_l$ Lösungen der Gleichungskette $Y_1(x) = 0$, $Y_2(x; \sigma_1) = 0, \ldots,$

$Y_l\ (x;\ \sigma_1, \sigma_2, \ldots, \sigma_{l-1}) = 0$ sind. Die t verschiedenen Transmutationen $\begin{pmatrix}\sigma_1 & \sigma_2 \ldots \sigma_l \\ \sigma_{1i} & \sigma_{2i} \ldots \sigma_{li}\end{pmatrix}$ $(i = 0, 1, 2, \ldots, t-1)$ des Transmutationssystems Σ der Dirigenten $\sigma_1, \sigma_2, \ldots, \sigma_l$ des Körpers $(P;\ \sigma_1, \sigma_2, \ldots, \sigma_l)$ ergeben sich aus

$$\sigma_{ji} = \sigma_j\ (\varrho_{1i}, \varrho_{2i}, \ldots, \varrho_{ki})\ (j = 1, 2, \ldots, l),$$

wobei $\begin{pmatrix}\varrho_1 & \varrho_2 & \cdots & \varrho_k \\ \varrho_{1i} & \varrho_{2i} & \cdots & \varrho_{ki}\end{pmatrix}$ jede beliebige Transmutation aus je einem der t Komplexe $\mathrm{P}_{a_i}\,\mathfrak{S}_{12\ldots l\,\{a_i\}}^{(i)}$ $(i = 0, 1, 2, \ldots, t-1)$ bedeutet; jeder der $s_{12\ldots l} = \frac{s}{t}$ im Komplex $\mathrm{P}_{a_i}\,\mathfrak{S}_{12\ldots l\,\{a_i\}}^{(i)}$ enthaltenen Transmutationen entspricht die nämliche Transmutation $\begin{pmatrix}\sigma_1 & \sigma_2 & \cdots & \sigma_l \\ \sigma_{1i} & \sigma_{2i} & \cdots & \sigma_{li}\end{pmatrix}$ aus Σ, die man in leicht verständlicher Symbolik $\begin{pmatrix}\sigma_1\,(\varrho_1, \varrho_2, \ldots, \varrho_k) & \sigma_2\,(\varrho_1, \varrho_2, \ldots, \varrho_k) & \ldots & \sigma_l \\ (\sigma_1\,(\varrho_1, \varrho_2, \ldots, \varrho_k))\,\mathrm{P}_{a_i}\,\mathfrak{S}_{12\ldots l\,\{a_i\}}^{(i)} & (\sigma_2\,(\varrho_1, \varrho_2, \ldots, \varrho_k))\,\mathrm{P}_{a_i}\,\mathfrak{S}_{12\ldots l\,\{a_i\}}^{(i)} & \ldots & (\sigma_l)\,\mathrm{P}_{a_i}\,\mathfrak{S}_{12\ldots l\,\{a_i\}}^{(i)}\end{pmatrix}$ schreiben kann, wobei $(\sigma_j\,(\varrho_1, \varrho_2, \ldots, \varrho_k))\,\mathrm{P}_{a_i}\,\mathfrak{S}_{12\ldots l\,\{a_i\}}^{(i)}$ aus $\sigma_j\,(\varrho_1, \varrho_2, \ldots, \varrho_k)$ durch Anwendung einer beliebigen Transmutation aus $\mathrm{P}_{a_i}\,\mathfrak{S}_{12\ldots l\,\{a_i\}}^{(i)}$ auf die Größen $\varrho_1, \varrho_2, \ldots, \varrho_k$ hervorgeht.

Wir bemerken noch, daß, wenn $\mathrm{P}_{b_i} = \begin{pmatrix}\varrho_1 & \varrho_2 & \cdots & \varrho_k \\ \varrho_{1b_i} & \varrho_{2b_i} & \cdots & \varrho_{kb_i}\end{pmatrix}$ eine beliebige Transmutation aus $\mathrm{P}_{a_i}\,\mathfrak{S}_{12\ldots l\,\{a_i\}}^{(i)}$ ist, sich die im Komplex $\mathrm{P}_{a_i}\,\mathfrak{S}_{12\ldots l\,\{a_i\}}^{(i)}$ enthaltenen Transmutationen von $\mathfrak{S}$ auch gleichwertig in der Form $\mathrm{P}_{b_i}\,\mathfrak{S}_{12\ldots l\,\{b_i\}}^{(i)}$ schreiben lassen; denn der zuletzt genannte Komplex führt die Funktionen $\sigma_j\ (\varrho_1, \varrho_2, \ldots, \varrho_k)$ in $\sigma_j\ (\varrho_{1b_i}, \varrho_{2b_i}, \ldots, \varrho_{kb_i})$ über, und diese Größen sind nach der Wahl von P_{b_i} gleich

$$(\sigma_j\,(\varrho_1, \varrho_2, \ldots, \varrho_k))\,P_{a_i}\,\mathfrak{S}_{12\ldots l\,\{a_i\}}^{(i)} = \sigma_j\,(\varrho_{1a_i}, \varrho_{2a_i}, \ldots, \varrho_{ka_i})\ (j = 1, 2, \ldots, l).$$

§ 4.

Die Gruppe der automorphen Transmutationen der Dirigenten $\varrho_1, \varrho_2, \ldots, \varrho_k$ des Körpers $(P;\ \varrho_1, \varrho_2, \ldots, \varrho_k)$.

Unter den Transmutationen $\begin{pmatrix}\varrho_1 & \varrho_2 \cdots \varrho_k \\ \varrho_{1i} & \varrho_{2i} \cdots \varrho_{ki}\end{pmatrix}$ des Systems $\mathfrak{S}$ gibt es solche Transmutationen $S_a = \begin{pmatrix}\varrho_1 & \varrho_2 & \cdots \varrho_k \\ \varrho_{1a} & \varrho_{2a} & \cdots \varrho_{ka}\end{pmatrix}$, bei denen die Nennergrößen $\varrho_{1a}, \varrho_{2a}, \ldots, \varrho_{ka}$ dem Ausgangskörper $(P;\ \varrho_1, \varrho_2, \ldots, \varrho_k)$ angehören, also die k Größen $\varrho_{ja} = \varphi_j\ (\varrho_1, \varrho_2, \ldots, \varrho_k)$ sind, wobei $\varphi_j\,(\varrho_1, \varrho_2, \ldots \varrho_k)$ eine rationale Funktion von $\varrho_1, \varrho_2, \ldots, \varrho_k$ mit Koeffizienten aus P bedeutet. Diese Transmutationen nennen wir automorphe Transmutationen. Zu ihnen gehören alle in $\mathfrak{S}$ enthaltenen Permutationen der

Größen $\varrho_1, \varrho_2, \ldots, \varrho_k$, also im besondern die notwendig in $\mathfrak{S}$ enthaltene identische Transmutation.

Dem Folgenden schicken wir zwei Hilfsbetrachtungen voraus:

I. Ist $S_a = \begin{pmatrix} \varrho_1 & \varrho_2 & \cdots & \varrho_k \\ \varphi_1(\varrho_1, \varrho_2, \ldots, \varrho_k) & \varphi_2(\varrho_1, \varrho_2, \ldots, \varrho_k) & \cdots & \varphi_k(\varrho_1, \varrho_2, \ldots, \varrho_k) \end{pmatrix}$ eine automorphe Transmutation aus $\mathfrak{S}$ und bedeutet $\mathrm{P}_b = \begin{pmatrix} \varrho_1 & \varrho_2 & \cdots & \varrho_k \\ \varrho_{1b} & \varrho_{2b} & \cdots & \varrho_{kb} \end{pmatrix}$ eine beliebige Transmutation aus $\mathfrak{S}$, so stellt auch

$$\begin{pmatrix} \varrho_1 & \varrho_2 & \cdots & \varrho_k \\ \varphi_1(\varrho_{1b}, \varrho_{2b}, \ldots \varrho_{kb}) & \varphi_2(\varrho_{1b}, \varrho_{2b}, \ldots, \varrho_{kb}) & \cdots & \varphi_k(\varrho_{1b}, \varrho_{2b}, \ldots, \varrho_{kb}) \end{pmatrix}$$

eine Transmutation aus $\mathfrak{S}$ dar.

Ist nämlich $\lambda(\varrho_1, \varrho_2, \ldots, \varrho_k) = 0$ irgendeine richtige Gleichung zwischen $\varrho_1, \varrho_2, \ldots, \varrho_k$ mit Koeffizienten aus P, so kann man auf diese die Transmutation S_a anwenden und erhält

$$\lambda(\varphi_1(\varrho_1, \varrho_2, \ldots, \varrho_k), \varphi_2(\varrho_1, \varrho_2, \ldots, \varrho_k), \ldots, \varphi_k(\varrho_1, \varrho_2, \ldots, \varrho_k)) = 0.$$

Da P_b auch eine Transmutation aus $\mathfrak{S}$ ist, läßt die letzte Gleichung die Transmutation P_b zu. Hierdurch ergibt sich

$$\lambda(\varphi_1(\varrho_{1b}, \varrho_{2b}, \ldots, \varrho_{kb}), \varphi_2(\varrho_{1b}, \varrho_{2b}, \ldots, \varrho_{kb}), \ldots, \varphi_k(\varrho_{1b}, \varrho_{2b}, \ldots, \varrho_{kb})) = 0.$$

Jede richtige Gleichung zwischen $\varrho_1, \varrho_2, \ldots, \varrho_k$ mit Koeffizienten aus P gestattet demnach die unter I angegebene Transmutation. Wir bezeichnen diese Transmutation als das Produkt $S_a \mathrm{P}_b =$

$$\begin{pmatrix} \varrho_1 & \varrho_2 & \cdots & \varrho_k \\ \varphi_1(\varrho_1, \varrho_2, \ldots, \varrho_k) & \varphi_2(\varrho_1, \varrho_2, \ldots, \varrho_k) & \cdots & \varphi_k(\varrho_1, \varrho_2, \ldots, \varrho_k) \end{pmatrix} \cdot \begin{pmatrix} \varrho_1 & \varrho_2 & \cdots & \varrho_k \\ \varrho_{1b} & \varrho_{2b} & \cdots & \varrho_{kb} \end{pmatrix}$$
$$= \begin{pmatrix} \varrho_1 & \varrho_2 & \cdots & \varrho_k \\ \varphi_1(\varrho_{1b}, \varrho_{2b}, \ldots, \varrho_{kb}) & \varphi_2(\varrho_{1b}, \varrho_{2b}, \ldots, \varrho_{kb}) & \cdots & \varphi_k(\varrho_{1b}, \varrho_{2b}, \ldots, \varrho_{kb}) \end{pmatrix}.$$

Eine automorphe Transmutation S_a aus $\mathfrak{S}$ läßt sich demnach auf ihrer rechten Seite mit jeder beliebigen Transmutation P_b aus $\mathfrak{S}$ komponieren.[1])

---

[1]) Die hier definierte Produktbildung innerhalb des Körpers $(P; \varrho_1, \varrho_2, \ldots, \varrho_k)$, bei der der linke Faktor eine automorphe Transmutation ist, geschieht in völliger Übereinstimmung mit der auf S. 28 im § 3 eingeführten. Da S_a:

$$\begin{pmatrix} \varrho_1 & \varrho_2 & \cdots & \varrho_k \\ \varphi_1(\varrho_1, \varrho_2, \ldots, \varrho_k) & \varphi_2(\varrho_1, \varrho_2, \ldots, \varrho_k) & \cdots & \varphi_k(\varrho_1, \varrho_2, \ldots, \varrho_k) \end{pmatrix}$$

und $\begin{pmatrix} \varrho_1 & \varrho_2 & \cdots & \varrho_k \\ \varphi_1(\varrho_{1b}, \varrho_{2b}, \ldots, \varrho_{kb}) & \varphi_2(\varrho_{1b}, \varrho_{2b}, \ldots, \varrho_{kb}) & \cdots & \varphi_k(\varrho_{1b}, \varrho_{2b}, \ldots, \varrho_{kb}) \end{pmatrix}$

Transmutationen aus $\mathfrak{S}$ sind, folgt nach dem Hilfssatz auf S. 27, daß

$$\begin{pmatrix} \varphi_1(\varrho_1, \varrho_2, \ldots, \varrho_k) & \varphi_2(\varrho_1, \varrho_2, \ldots, \varrho_k) & \cdots & \varphi_k(\varrho_1, \varrho_2, \ldots, \varrho_k) \\ \varphi_1(\varrho_{1b}, \varrho_{2b}, \ldots, \varrho_{kb}) & \varphi_2(\varrho_{1b}, \varrho_{2b}, \ldots, \varrho_{kb}) & \cdots & \varphi_k(\varrho_{1b}, \varrho_{2b}, \ldots, \varrho_{kb}) \end{pmatrix}$$

eine Transmutation der Dirigenten $\varphi_1(\varrho_1, \varrho_2, \ldots, \varrho_k)$, $\varphi_2(\varrho_1, \varrho_2, \ldots, \varrho_k), \ldots$ $\varphi_k(\varrho_1, \varrho_2, \ldots, \varrho_k)$ darstellt; diese ist zu S_a konsekutiv. Denkt man sich P_b als zu S_a konsekutive Transmutation geschrieben, so hat man $S_a \mathrm{P}_b =$

$$\begin{pmatrix} \varrho_1 & \varrho_2 & \cdots & \varrho_k \\ \varphi_1(\varrho_1, \varrho_2, \ldots, \varrho_k) & \varphi_2(\varrho_1, \varrho_2, \ldots, \varrho_k) & \cdots & \varphi_k(\varrho_1, \varrho_2, \ldots, \varrho_k) \end{pmatrix}.$$
$$\begin{pmatrix} \varphi_1(\varrho_1, \varrho_2, \ldots, \varrho_k) & \varphi_2(\varrho_1, \varrho_2, \ldots, \varrho_k) & \cdots & \varphi_k(\varrho_1, \varrho_2, \ldots, \varrho_k) \\ \varphi_1(\varrho_{1b}, \varrho_{2b}, \ldots, \varrho_{kb}) & \varphi_2(\varrho_{1b}, \varrho_{2b}, \ldots, \varrho_{kb}) & \cdots & \varphi_k(\varrho_{1b}, \varrho_{2b}, \ldots, \varrho_{kb}) \end{pmatrix} =$$
$$\begin{pmatrix} \varrho_1 & \varrho_2 & \cdots & \varrho_k \\ \varphi_1(\varrho_{1b}, \varrho_{2b}, \ldots, \varrho_{kb}) & \varphi_2(\varrho_{1b}, \varrho_{2b}, \ldots, \varrho_{kb}) & \cdots & \varphi_k(\varrho_{1b}, \varrho_{2b}, \ldots, \varrho_{kb}) \end{pmatrix}.$$

II. Ist $S_a = \begin{pmatrix} \varrho_1 & \varrho_2 & \cdots & \varrho_k \\ \varphi_1(\varrho_1, \varrho_2, \ldots, \varrho_k) & \varphi_2(\varrho_1, \varrho_2, \ldots, \varrho_k) & \cdots & \varphi_k(\varrho_1, \varrho_2, \ldots, \varrho_k) \end{pmatrix}$ eine automorphe Transmutation aus $\mathfrak{S}$, so existiert in $\mathfrak{S}$ stets eine weitere automorphe Transmutation

$$Z = \begin{pmatrix} \varrho_1 & \varrho_2 & \cdots & \varrho_k \\ \nu_1(\varrho_1, \varrho_2, \ldots, \varrho_k) & \nu_2(\varrho_1, \varrho_2, \ldots, \varrho_k) & \cdots & \nu_k(\varrho_1, \varrho_2, \ldots, \varrho_k) \end{pmatrix},$$

so daß für die k rationalen Funktionen $\nu_j(\varrho_1, \varrho_2, \ldots, \varrho_k)$ $(j = 1, 2, \ldots, k)$ von $\varrho_1, \varrho_2, \ldots, \varrho_k$ mit Koeffizienten aus P die Gleichungen bestehen:

(1) $\varrho_j = \nu_j(\varphi_1(\varrho_1, \varrho_2, \ldots, \varrho_k), \varphi_2(\varrho_1, \varrho_2, \ldots, \varrho_k), \ldots, \varphi_k(\varrho_1, \varrho_2, \ldots, \varrho_k))$ $(j = 1, 2, \ldots, k)$ und

(2) $\varrho_j = \varphi_j(\nu_1(\varrho_1, \varrho_2, \ldots, \varrho_k), \nu_2(\varrho_1, \varrho_2, \ldots, \varrho_k), \ldots, \nu_k(\varrho_1, \varrho_2, \ldots, \varrho_k))$ $(j = 1, 2, \ldots, k)$.

Demnach ist das Produkt der automorphen Transmutationen $ZS_a = S_a Z = \begin{pmatrix} \varrho_1 & \varrho_2 & \cdots & \varrho_k \\ \varrho_1 & \varrho_2 & \cdots & \varrho_k \end{pmatrix}$, und Z ist die inverse Transmutation von S_a.

Zum Beweise setzen wir

(a) $$\varrho_{ja} = \varphi_j(\varrho_1, \varrho_2, \ldots, \varrho_k) \quad (j = 1, 2, \ldots, k)$$

und bezeichnen also die gegebene automorphe Transmutation S_a mit $\begin{pmatrix} \varrho_1 & \varrho_2 & \cdots & \varrho_k \\ \varrho_{1a} & \varrho_{2a} & \cdots & \varrho_{ka} \end{pmatrix}$. Die Größen $\varrho_{1a}, \varrho_{2a}, \ldots, \varrho_{ka}$ sind nach ihrer Definition rationale Funktionen von $\varrho_1, \varrho_2, \ldots, \varrho_k$, und sie genügen ferner nach § 1, da S_a eine Transmutation aus $\mathfrak{S}$ ist, der Kette irreduzibler Gleichungen $X_1(x) = 0$, $X_2(x; \varrho_{1a}) = 0$, $X_3(x; \varrho_{1a}, \varrho_{2a}) = 0, \ldots,$ $X_k(x; \varrho_{1a}, \varrho_{2a}, \ldots, \varrho_{k-1a}) = 0$. Mithin folgt nach Satz 4_1 des § 3, daß sich auch die Größen $\varrho_1, \varrho_2, \ldots, \varrho_k$ als rationale Funktionen von $\varrho_{1a}, \varrho_{2a}, \ldots, \varrho_{ka}$ darstellen lassen; es gibt also Gleichungen

(b) $$\varrho_j = \nu_j(\varrho_{1a}, \varrho_{2a}, \ldots, \varrho_{ka}) \quad (j = 1, 2, \ldots, k),$$

wobei die ν_j rationale Funktionen ihrer Argumente $\varrho_{1a}, \varrho_{2a}, \ldots, \varrho_{ka}$ mit Koeffizienten aus P bedeuten. Führt man in das Gleichungssystem (b) für die Größen ϱ_{ja} ihre Werte aus (a) ein, so hat man die in II angegebenen Relationen (1). Ersetzt man weiter in (a) die Größen ϱ_j durch ihre Werte aus (b), so erhält man

(c) $$\varrho_{ja} = \varphi_j(\nu_1(\varrho_{1a}, \varrho_{2a}, \ldots, \varrho_{ka}), \nu_2(\varrho_{1a}, \varrho_{2a}, \ldots, \varrho_{ka}), \ldots, \nu_k(\varrho_{1a}, \varrho_{2a}, \ldots, \varrho_{ka}))$$

Da $S_a = \begin{pmatrix} \varrho_1 & \varrho_2 & \cdots & \varrho_k \\ \varrho_{1a} & \varrho_{2a} & \cdots & \varrho_{ka} \end{pmatrix}$ eine Transmutation aus $\mathfrak{S}$ ist, ergibt sich nach dem Hilfssatz auf Seite 27, daß $\begin{pmatrix} \varrho_{1a} & \varrho_{2a} & \cdots & \varrho_{ka} \\ \varrho_1 & \varrho_2 & \cdots & \varrho_k \end{pmatrix}$ eine Transmutation der Dirigenten $\varrho_{1a}, \varrho_{2a}, \ldots, \varrho_{ka}$ des Körpers $(P; \varrho_{1a}, \varrho_{2a}, \ldots, \varrho_{ka})$ ist. Infolgedessen muß sich die zuletzt genannte Transmutation auf alle richtigen Gleichungen zwischen $\varrho_{1a}, \varrho_{2a}, \ldots, \varrho_{ka}$ mit Koeffizienten aus P anwenden lassen, also auch auf das Gleichungssystem (c). Mithin ergeben sich die unter (2) in II hingeschriebenen Gleichungen, deren Zutreffen wir beweisen wollen.

Von den unter II erwähnten Tatsachen ist jetzt nur noch zu zeigen, daß Z eine Transmutation aus $\mathfrak{S}$ ist, d. h. auf alle richtigen Gleichungen $\lambda(\varrho_1, \varrho_2, \ldots, \varrho_k) = 0$ mit Koeffizienten aus P anwendbar ist. Zum Zwecke dieses Nachweises schreiben wir die zu untersuchende Gleichung nach (b) in der Form

$$\lambda(\nu_1(\varrho_{1a}, \varrho_{2a}, \ldots, \varrho_{ka}), \nu_2(\varrho_{1a}, \varrho_{2a}, \ldots, \varrho_{ka}), \ldots, \nu_k(\varrho_{1a}, \varrho_{2a}, \ldots, \varrho_{ka})) = 0.$$

Wendet man auf diese Gleichung zwischen den Dirigenten $\varrho_{1a}, \varrho_{2a}, \ldots, \varrho_{ka}$ die Transmutation $\begin{pmatrix}\varrho_{1a} & \varrho_{2a} & \cdots & \varrho_{ka}\\ \varrho_1 & \varrho_2 & \cdots & \varrho_k\end{pmatrix}$ an, die wir auch bereits oben benützt haben, so ergibt sich

$$\lambda(\nu_1(\varrho_1, \varrho_2, \ldots, \varrho_k), \nu_2(\varrho_1, \varrho_2, \ldots, \varrho_k), \ldots, \nu_k(\varrho_1, \varrho_2, \ldots, \varrho_k)) = 0;$$

mithin ist Z auf jede richtige Gleichung zwischen $\varrho_1, \varrho_2, \ldots, \varrho_k$ anwendbar, also eine Transmutation aus $\mathfrak{S}$. Daß Z eine automorphe Transmutation ist, geht aus seiner Form hervor.

Bildet man schließlich das Produkt $S_a Z$:

$$\begin{pmatrix}\varrho_1 & \varrho_2 & \cdots & \varrho_k\\ \varphi_1(\varrho_1, \varrho_2, \ldots, \varrho_k) & \varphi_2(\varrho_1, \varrho_2, \ldots, \varrho_k) & \cdots & \varphi_k(\varrho_1, \varrho_2, \ldots, \varrho_k)\end{pmatrix} \cdot$$
$$\begin{pmatrix}\varrho_1 & \varrho_2 & \cdots & \varrho_k\\ \nu_1(\varrho_1, \varrho_2, \ldots, \varrho_k) & \nu_2(\varrho_1, \varrho_2, \ldots, \varrho_k) & \cdots & \nu_k(\varrho_1, \varrho_2, \ldots, \varrho_k)\end{pmatrix} =$$
$$\begin{pmatrix}\varrho_1 & \cdots\\ \varphi_1(\nu_1(\varrho_1, \varrho_2, \ldots, \varrho_k), \nu_2(\varrho_1, \varrho_2, \ldots, \varrho_k) \ldots \nu_k(\varrho_1, \varrho_2, \ldots, \varrho_k)) & \cdots\end{pmatrix.$$
$$\begin{matrix}\cdots & \varrho_k\\ \cdots & \varphi_k(\nu_1(\varrho_1, \varrho_2, \ldots, \varrho_k), \nu_2(\varrho_1, \varrho_2, \ldots, \varrho_k), \ldots, \nu_k(\varrho_1, \varrho_2, \ldots, \varrho_k))\end{matrix}\Big),$$

so ist dieses auf Grund der Relation (2) gleich $\begin{pmatrix}\varrho_1 & \varrho_2 & \cdots & \varrho_k\\ \varrho_1 & \varrho_2 & \cdots & \varrho_k\end{pmatrix}$. Das Entsprechende würde sich auch für das Produkt $Z S_a$ aus den Gleichungen (1) ergeben.

Aus I und II folgt der wichtige

Satz 1. Die Gesamtheit der in $\mathfrak{S}$ enthaltenen automorphen Transmutationen bildet eine Gruppe, die maximale automorphe Transmutationsgruppe der Dirigenten $\varrho_1, \varrho_2, \ldots, \varrho_k$ des Körpers $(P; \varrho_1, \varrho_2, \ldots, \varrho_k)$.

Tatsächlich erfüllen die in $\mathfrak{S}$ enthaltenen automorphen Transmutationen alle an eine Gruppe zu stellenden Bedingungen. Hat man irgend zwei automorphe Transmutationen S_a und S_b aus $\mathfrak{S}$, so lassen sie sich nach I auf Seite 35 stets komponieren; man kann also ihr

Produkt $S_a S_b$ definieren. Für diese Komposition gelten die vier Gruppenpostulate:

1. Die Produktbildung führt nicht aus dem Kreise der automorphen Transmutationen heraus. Sei nämlich neben S_a auch noch S_b:

$$\begin{pmatrix} \varrho_1 & \varrho_2 & \cdots & \varrho_k \\ \psi_1(\varrho_1, \varrho_2, \ldots, \varrho_k) & \psi_2(\varrho_1, \varrho_2, \ldots, \varrho_k) & \cdots & \psi_k(\varrho_1, \varrho_2, \ldots, \varrho_k) \end{pmatrix}$$

eine automorphe Transmutation aus $\mathfrak{S}$, wobei $\psi_j(\varrho_1, \varrho_2, \ldots, \varrho_k)$ $(j = 1, 2, \ldots, k)$ rationale Funktionen von $\varrho_1, \varrho_2, \ldots, \varrho_k$ mit Koeffizienten aus P bedeuten, so ergibt sich $S_a S_b$:

$$\begin{pmatrix} \varrho_1 & \varrho_2 & \cdots \\ \varphi_1(\psi_1(\varrho_1, \varrho_2, \ldots, \varrho_k), \psi_2, \ldots, \psi_k) & \varphi_2(\psi_1(\varrho_1, \varrho_2, \ldots, \varrho_k), \psi_2, \ldots, \psi_k) & \cdots \end{pmatrix.$$
$$\begin{matrix} \cdots \varrho_k \\ \cdots \varphi_k(\psi_1(\varrho_1, \varrho_2, \ldots, \varrho_k), \psi_2, \ldots, \psi_k) \end{pmatrix},$$

also ebenfalls eine automorphe Transmutation.

2. Ist S_c irgendeine dritte automorphe Transmutation aus $\mathfrak{S}$:

$$S_c = \begin{pmatrix} \varrho_1 & \varrho_2 & \cdots & \varrho_k \\ \chi_1(\varrho_1, \varrho_2, \ldots, \varrho_k) & \chi_2(\varrho_1, \varrho_2, \ldots, \varrho_k) & \cdots & \chi_k(\varrho_1, \varrho_2, \ldots, \varrho_k) \end{pmatrix},$$

so folgt: $S_a(S_b S_c) = (S_a S_b) S_c =$

$$\begin{pmatrix} \varrho_1 & \cdots \\ \varphi_1(\psi_1(\chi_1, \chi_2, \ldots, \chi_k), \psi_2(\chi_1, \chi_2, \ldots, \chi_k), \ldots, \psi_k(\chi_1, \chi_2, \ldots, \chi_k)) & \cdots \end{matrix}$$
$$\begin{matrix} \cdots \varrho_k \\ \cdots \varphi_k(\psi_1(\chi_1, \chi_2, \ldots, \chi_k), \psi_2(\chi_1, \chi_2, \ldots, \chi_k), \ldots, \psi_k(\chi_1, \chi_2, \ldots, \chi_k)) \end{pmatrix}.$$

Für die Komposition der automorphen Transmutationen gilt also das assoziative Gesetz.

3. Unter den automorphen Transmutationen von $\mathfrak{S}$ befindet sich die identische Transmutation $E = \begin{pmatrix} \varrho_1 & \varrho_2 & \cdots & \varrho_k \\ \varrho_1 & \varrho_2 & \cdots & \varrho_k \end{pmatrix}$, die notwendig stets in $\mathfrak{S}$ enthalten ist.

4. Ist S_a eine automorphe Transmutation aus $\mathfrak{S}$, so befindet sich, wie in II gezeigt, unter den automorphen Transmutationen von $\mathfrak{S}$ stets auch die rechtshändige Inverse Z zu S_a, für die $S_a Z = E$ gilt.

Die Bedingungen 1—4 sind aber charakteristisch dafür, daß die Gesamtheit aller in $\mathfrak{S}$ befindlichen automorphen Transmutationen eine Gruppe[1]) bildet. Hiermit ist der Satz 1 bewiesen.

Das in der maximalen automorphen Transmutationsgruppe zu jedem Element S_a vorhandene rechtshändige inverse, durch $S_a Z = E$ definierte Element Z ist, wie aus den einfachsten Gruppeneigenschaften folgt und in unserem Fall auch sofort unmittelbar ersichtlich ist (vgl. Angaben unter II auf Seite 36), auch gleichzeitig linkshändiges

[1]) Vgl. hierzu etwa mein Lehrbuch der Algebra I. Grundlagen der Arithmetik, Leipzig 1915, S. 25.

inverses Element zu S_a und eindeutig bestimmt; mau setzt daher $Z = S_a^{-1}$.[1])

Jede in der maximalen automorphen Gruppe von $\mathfrak{S}$ befindliche Gesamtheit von Transmutationen mit Gruppencharakter bildet selbst eine Gruppe in $\mathfrak{S}$ enthaltener automorpher Transmutationen. Im folgenden sei $\mathfrak{S}_a$ irgendeine solche Gruppe; $\mathfrak{S}_a$ sei also die maximale automorphe Transmutationsgruppe der Dirigenten $\varrho_1, \varrho_2, \ldots, \varrho_k$ des Körpers $(P; \varrho_1, \varrho_2, \ldots, \varrho_k)$ oder eine ihrer Untergruppen. Dann soll der Satz von der Möglichkeit der Galoisschen Zerlegung des Transmutationssystems $\mathfrak{S}$ nach jeder in $\mathfrak{S}$ enthaltenen automorphen Untergruppe $\mathfrak{S}_a$ abgeleitet werden.

Satz 2. Ist $\mathfrak{S}_a$ eine in $\mathfrak{S}$ enthaltene, automorphe Untergruppe der Ordnung s_a, so kann $\mathfrak{S}$ in $t_a = \frac{s}{s_a}$ Komplexe mit je s_a untereinander verschiedenen Transmutationen zerlegt werden, nämlich

$$\mathfrak{S} = \mathfrak{S}_a \mathrm{P}_1 + \mathfrak{S}_a \mathrm{P}_2 + \ldots + \mathfrak{S}_a \mathrm{P}_{t_a}.$$

Wir nennen diese Zerlegung die Galoissche Zerlegung[2]) des Transmutationssystems $\mathfrak{S}$ nach $\mathfrak{S}_a$.

Der Beweis ergibt sich folgendermaßen: $\mathrm{P}_l = \begin{pmatrix} \varrho_1 & \varrho_2 & \cdots & \varrho_k \\ \varrho_{1l} & \varrho_{2l} & \cdots & \varrho_{kl} \end{pmatrix}$ sei irgendeine Transmutation aus $\mathfrak{S}$; mit P_l bilden wir den Komplex $\mathfrak{S}_a \mathrm{P}_l$, wobei $\mathfrak{S}_a$ alle Transmutationen der Gruppe $\mathfrak{S}_a$ durchläuft. Da $\mathfrak{S}_a$ nur automorphe Transmutationen enthält, läßt sich der Komplex $\mathfrak{S}_a \mathrm{P}_l$ tatsächlich bilden und umfaßt, worauf schon oben unter I zu Beginn des § hingewiesen wurde, nur Transmutationen aus $\mathfrak{S}$. Die Transmutationen des Komplexes sind alle untereinander verschieden. Wären nämlich, wenn $S_a = \begin{pmatrix} \varrho_i \\ \varphi_i(\varrho_1, \varrho_2, \ldots, \varrho_k) \end{pmatrix}$ $(i = 1, 2, \ldots, k)$ und S_b: $\begin{pmatrix} \varrho_i \\ \psi_i(\varrho_1, \varrho_2, \ldots, \varrho_k) \end{pmatrix}$ $(i = 1, 2, \ldots, k)$ zwei Transmutationen aus $\mathfrak{S}_a$ bedeuten, $S_a \mathrm{P}_l = \begin{pmatrix} \varrho_i \\ \varphi_i(\varrho_{1l}, \varrho_{2l}, \ldots, \varrho_{kl}) \end{pmatrix}$ $(i = 1, 2, \ldots, k)$ und $S_b P_l$: $\begin{pmatrix} \varrho_i \\ \psi_i(\varrho_{1l}, \varrho_{2l}, \ldots, \varrho_{kl}) \end{pmatrix}$ $(i = 1, 2, \ldots, k)$ die nämlichen Transmutationen,

[1]) Wegen der eindeutigen Bestimmtheit der zu S_a inversen Transmutation ist Z auch als identisch mit der zu S_a konsekutiven Transmutation

$$\begin{pmatrix} \varphi_1(\varrho_1, \varrho_2, \ldots, \varrho_k) & \varphi_2(\varrho_1, \varrho_2, \ldots, \varrho_k) & \cdots & \varphi_k(\varrho_1, \varrho_2, \ldots, \varrho_k) \\ \varrho_1 & \varrho_2 & \cdots & \varrho_k \end{pmatrix}$$

der Dirigenten $\varphi_1(\varrho_1, \varrho_2, \ldots, \varrho_k)$, $\varphi_2(\varrho_1, \varrho_2, \ldots, \varrho_k)$, ..., $\varphi_k(\varrho_1, \varrho_2, \ldots, \varrho_k)$ anzusehen.

[2]) Für den besonderen Fall, daß $\mathfrak{S}$ eine Gruppe ist, hat E. Galois uns bekanntlich diese Zerlegung gelehrt. Vgl. Oeuvres de Galois par E. Picard, Paris 1897, p. 26.

so hätte man $\varphi_i(\varrho_{1l}, \varrho_{2l}, \ldots, \varrho_{kl}) = \psi_i(\varrho_{1l}, \varrho_{2l}, \ldots, \varrho_{kl})$ $(i = 1, 2, \ldots, k)$. Wendet man auf diese Gleichungen zwischen $\varrho_{1l}, \varrho_{2l}, \ldots, \varrho_{kl}$ die Transmutation $\begin{pmatrix} \varrho_{1l} & \varrho_{2l} & \cdots & \varrho_{kl} \\ \varrho_1 & \varrho_2 & \cdots & \varrho_k \end{pmatrix}$ der Dirigenten $\varrho_{1l}, \varrho_{2l}, \ldots, \varrho_{kl}$ des Körpers $(P; \varrho_{1l}, \varrho_{2l}, \ldots, \varrho_{kl})$ an, so erhält man $\varphi_i(\varrho_1, \varrho_2, \ldots, \varrho_k) = \psi_i(\varrho_1, \varrho_2, \ldots, \varrho_k)$ $(i = 1, 2, \ldots, k)$, also $S_a = S_b$, was der Voraussetzung der Ungleichheit von S_a und S_b widerspricht. Hiermit ist gezeigt, daß der Komplex $\mathfrak{S}_a \mathrm{P}_l$ nur verschiedene Transmutationen umfaßt.

Wir weisen weiter nach, daß, wenn P_m irgendeine Transmutation aus $\mathfrak{S}$ bedeutet, die aber nicht aus dem Komplex $\mathfrak{S}_a \mathrm{P}_l$ entnommen sein soll, die zwei Komplexe $\mathfrak{S}_a \mathrm{P}_l$ und $\mathfrak{S}_a \mathrm{P}_m$ keine übereinstimmenden Transmutationen besitzen. Angenommen, eine Transmutation $S_a \mathrm{P}_l$ aus $\mathfrak{S}_a \mathrm{P}_l$ wäre gleich einer Transmutation $S_b \mathrm{P}_m$ aus $\mathfrak{S}_a \mathrm{P}_m$, dann würde aus $S_a \mathrm{P}_l = S_b \mathrm{P}_m$ durch linkshändige Komposition mit S_b^{-1} folgen, daß $S_b^{-1} S_a \mathrm{P}_l = \mathrm{P}_m$ wäre; diese Gleichung würde aber, da S_b^{-1} und S_a, also auch ihr Produkt $S_b^{-1} S_a$ Gruppenelemente aus $\mathfrak{S}_a$ sind, im Widerspruch zur Wahl von P_m besagen, daß P_m aus dem Komplex $\mathfrak{S}_a \mathrm{P}_l$ wäre.

Nimmt man für P_1 die identische oder eine beliebige andere Transmutation aus $\mathfrak{S}_a$, weiter für P_2 eine nicht in $\mathfrak{S}_a$ enthaltene Transmutation aus $\mathfrak{S}$, ferner für P_3 eine weder in $\mathfrak{S}_a \mathrm{P}_1$ noch in $\mathfrak{S}_a \mathrm{P}_2$ befindliche Transmutation aus $\mathfrak{S}$, hierauf für P_4 eine nicht in den bereits verwendeten Komplexen $\mathfrak{S}_a \mathrm{P}_1$, $\mathfrak{S}_a \mathrm{P}_2$, $\mathfrak{S}_a \mathrm{P}_3$ auftretende Transmutation aus $\mathfrak{S}$ und fährt derart fort, so muß dieser Prozeß notwendig zu einer letzten in $\mathfrak{S}$ befindlichen Transmutation P_{t_a} von folgender Beschaffenheit führen: Der Komplex $\mathfrak{S}_a \mathrm{P}_{t_a}$ umfaßt nur Transmutationen aus $\mathfrak{S}$; diese sind von allen in den voraufgehenden Komplexen $\mathfrak{S}_a \mathrm{P}_1, \mathfrak{S}_a \mathrm{P}_2, \ldots, \mathfrak{S}_a \mathrm{P}_{t_a - 1}$ auftretenden Transmutationen verschieden, so daß das Transmutationssystem $\mathfrak{S}$ durch die t_a Komplexe mit ihren $s_a \cdot t_a$ Transmutationen erschöpft wird. Hiermit ist die Existenz der GALOISschen Zerlegung von $\mathfrak{S}$ nach $\mathfrak{S}_a$ erwiesen.

Satz 3. Zu jeder automorphen Untergruppe $\mathfrak{S}_a$ des Transmutationssystems $\mathfrak{S}$ der Dirigenten $\varrho_1, \varrho_2, \ldots, \varrho_k$ des Körpers $(P; \varrho_1, \varrho_2, \ldots, \varrho_k)$ gibt es eine, sogar unendlich viele zugehörige rationale Funktionen $\sigma_a(\varrho_1, \varrho_2, \ldots, \varrho_k)$ von $\varrho_1, \varrho_2, \ldots, \varrho_k$ mit Koeffizienten aus P; die Funktion $\sigma_a(\varrho_1, \varrho_2, \ldots, \varrho_k)$ hat also die Eigenschaft, bei allen Transmutationen von $\mathfrak{S}_a$ denselben numerischen Wert beizubehalten, bei jeder Transmutation von $\mathfrak{S}$, die $\mathfrak{S}_a$ nicht angehört, einen von σ_a verschiedenen Wert anzunehmen.

a) Der Beweis soll zuerst für den speziellen Fall erbracht werden, daß $\mathfrak{S}_a$ die stets im Transmutationssystem $\mathfrak{S}$ enthaltene identische Transmutation $E = \begin{pmatrix} \varrho_1 & \varrho_2 & \cdots & \varrho_k \\ \varrho_1 & \varrho_2 & \cdots & \varrho_k \end{pmatrix}$ ist, die für sich allein eine automorphe Untergruppe von $\mathfrak{S}$ bildet. Eine zu der identischen Transmutation E zugehörige rationale Funktion heißt eine **primitive** oder **s-wertige Funktion des Körpers** $(P; \varrho_1, \varrho_2, \ldots, \varrho_k)$. Zum Beweise der Existenz primitiver Funktionen führen wir k Unbestimmte $\mu_1, \mu_2, \ldots, \mu_k$ ein und bilden mit ihnen den Ausdruck $\mu_1 \varrho_1 + \mu_2 \varrho_2 + \ldots + \mu_k \varrho_k$. Auf die soeben hingeschriebene Funktion wenden wir die von E verschiedenen $s-1$ Transmutationen $\begin{pmatrix} \varrho_1 & \varrho_2 & \cdots & \varrho_k \\ \varrho_{1_i} & \varrho_{2_i} & \cdots & \varrho_{k_i} \end{pmatrix}$ $(i = 2, 3, \ldots, s)$ an und erhalten die $s-1$ Funktionen $\mu_1 \varrho_{1_i} + \mu_2 \varrho_{2_i} + \ldots + \mu_k \varrho_{k_i}$ $(i = 1, 2, \ldots, s)$. Aus ihnen bilden wir mit Hilfe von

$$\mu_1 \varrho_1 + \mu_2 \varrho_2 + \ldots + \mu_k \varrho_k$$

die $s-1$ Differenzen $\mu_1 (\varrho_1 - \varrho_{1_i}) + \mu_2 (\varrho_2 - \varrho_{2_i}) + \ldots + \mu_k (\varrho_k - \varrho_{k_i})$ $(i = 2, 3, \ldots, s)$; von ihnen verschwindet keine identisch, da die $s-1$ Transmutationen $\begin{pmatrix} \varrho_1 & \varrho_2 & \cdots & \varrho_k \\ \varrho_{1_i} & \varrho_{2_i} & \cdots & \varrho_{k_i} \end{pmatrix}$ $(i = 2, 3, \ldots, s)$ von $E = \begin{pmatrix} \varrho_1 & \varrho_2 & \cdots & \varrho_k \\ \varrho_1 & \varrho_2 & \cdots & \varrho_k \end{pmatrix}$ verschieden sind. Wählt man für $\mu_1, \mu_2, \ldots, \mu_k$ irgendwelche rationale Zahlen $c_1, c_2, \ldots, c_k$, die so beschaffen sind, daß durch sie keine der $s-1$ Linearfunktionen

$$\mu_1 (\varrho_1 - \varrho_{1_i}) + \mu_2 (\varrho_2 - \varrho_{2_i}) + \ldots + \mu_k (\varrho_k - \varrho_{k_i}) \; (i = 2, 3, \ldots, s)$$

verschwindet[1]), so ist $c_1 \varrho_1 + c_2 \varrho_2 + \ldots + c_k \varrho_k$ eine primitive Funktion, wie wir sie suchen; denn die von E verschiedenen Transmutationen aus $\mathfrak{S}$ führen $c_1 \varrho_1 + c_2 \varrho_2 + \ldots + c_k \varrho_k$ in die $s-1$ zu $c_1 \varrho_1 + c_2 \varrho_2 + \ldots + c_k \varrho_k$ ungleichen Ausdrücke $c_1 \varrho_{1_i} + c_2 \varrho_{2_i} + \ldots + c_k \varrho_{k_i}$ $(i = 2, 3, \ldots, s)$ über.

Man sieht auch noch sofort ein, daß eine primitive Funktion $c_1 \varrho_1 + c_2 \varrho_2 + \ldots + c_k \varrho_k$ nicht nur von den $s-1$ Größen

---

[1]) Man findet $c_1, c_2, \ldots, c_k$ auf folgende Weise: Für c_1 wähle man irgendeine rationale Zahl, die nicht zu den Nullstellen derjenigen unter den $s-1$ Linearfunktionen $\mu_1 (\varrho_1 - \varrho_{1_i}) + \mu_2 (\varrho_2 - \varrho_{2_i}) + \ldots + \mu_k (\varrho_k - \varrho_{k_i})$ $(i = 2, 3, \ldots, s)$ gehört, die etwa nur die Unbestimmte μ_1 allein enthalten. In die noch nicht benützten Linearfunktionen setze man alsdann c_1 für μ_1 und wähle für c_2 irgendeine rationale Zahl, die nicht zu den Nullstellen jener Linearfunktionen gehört, bei denen nach der Ersetzung von μ_1 durch c_1 nur die Unbestimmte μ_2 allein enthalten ist. Hierauf ersetze man in allen Linearfunktionen auch noch μ_2 durch c_2 und wähle für c_3 irgendeine rationale Zahl, die verschieden ist von den Nullstellen jener Funktionen, die dann nur μ_3 allein enthalten. So fahre man fort. Sollte keine der Linearfunktionen etwa μ_i allein enthalten, so kann für c_i jede rationale Zahl genommen werden.

$c_1\varrho_{1i}+c_2\varrho_{2i}+\ldots+c_k\varrho_{k_i}$ $(i=2,3,\ldots,s)$ verschieden ist, sondern daß auch letztere untereinander ungleich sind. Bildet man nämlich nach Satz I des § 3 die Gleichung

$$\prod_{i=1}^{i=s}(x-c_1\varrho_{1i}-c_2\varrho_{2i}\ldots-c_k\varrho_{k_i})=0,$$

so besitzt diese alle ihre Wurzeln in genau derselben Multiplizität. Wären nun zwei der Größen $c_1\varrho_{1i}+c_2\varrho_{2i}+\ldots+c_k\varrho_{ki}$ $(i=1,2,\ldots,s)$ untereinander gleich, so müßte die Ausgangsfunktion

$$c_1\varrho_1+c_2\varrho_2+\ldots+c_k\varrho_k,$$

für die wir in der Gleichung

$$\prod_{i=1}^{i=s}(x-c_1\varrho_{1i}-c_2\varrho_{2i}\ldots-c_k\varrho_{k_i})=0$$

die Schreibart $c_1\varrho_{11}+c_2\varrho_{21}+\ldots+c_k\varrho_{k1}$ gewählt haben, eine vielfache Gleichungswurzel sein, also im Widerspruch mit ihrer Konstruktion als einer primitiven Funktion gleich einer der Größen $c_1\varrho_{1i}+c_2\varrho_{2i}+\ldots+c_k\varrho_{k_i}$ $(i=2,3,\ldots,s)$ werden.

β) An die Stelle der identischen Transmutation E lassen wir jetzt eine beliebige automorphe Untergruppe $\mathfrak{S}_a$ des Transmutationssystems $\mathfrak{S}$ treten. Um eine zu $\mathfrak{S}_a$ zugehörige rationale Funktion $\sigma_a(\varrho_1,\varrho_2,\ldots,\varrho_k)$ zu bilden, bedienen wir uns einer Unbestimmten μ und einer primitiven Funktion $c_1\varrho_1+c_2\varrho_2+\ldots+c_k\varrho_k$, deren Konstruktion unter α) gezeigt ist. Mit ihrer Hilfe definieren wir eine Funktion

$$\Psi_1(\mu;\varrho_1,\varrho_2,\ldots,\varrho_k)=\prod_{\mathfrak{S}_a}(\mu+c_1\varrho_1+c_2\varrho_2+\ldots+c_k\varrho_k);$$

hierbei ist das Produkt über alle aus $\mu+c_1\varrho_1+c_2\varrho_2+\ldots+c_k\varrho_k$ durch die s_a Transmutationen der Gruppe $\mathfrak{S}_a$ hervorgehenden Funktionen zu erstrecken. Infolge des automorphen Charakters der Transmutationen von $\mathfrak{S}_a$ ist $\Psi_1(\mu;\varrho_1,\varrho_2,\ldots,\varrho_k)$ eine Funktion des durch Adjunktion der Unbestimmten μ erweiterten Körpers $(P;\varrho_1,\varrho_2,\ldots,\varrho_k)$.

Wir zerlegen nunmehr das Transmutationssystem $\mathfrak{S}$ nach der in ihm enthaltenen automorphen Untergruppe $\mathfrak{S}_a$ und finden die GALOISsche Zerlegung: $\mathfrak{S}=\mathfrak{S}_a\mathrm{P}_1+\mathfrak{S}_a\mathrm{P}_2+\ldots+\mathfrak{S}_a\mathrm{P}_{t_a}$, wobei $t_a=\dfrac{s}{s_a}$ ist. Bei allen Transmutationen der Gruppe $\mathfrak{S}_a$ bleibt $\Psi_1(\mu;\varrho_1,\varrho_2,\ldots,\varrho_k)$, wie aus seiner Konstruktion hervorgeht, ungeändert. Sei

$$\mathrm{P}_l=\begin{pmatrix}\varrho_1 & \varrho_2 & \cdots\varrho_k\\ \varrho_{1l} & \varrho_{2l} & \cdots\varrho_{kl}\end{pmatrix}\quad(l=1,2,\ldots,t_a)$$

und versteht man hierbei unter P_1 die identische Transmutation, so ergeben sich aus $\Psi_1(\mu;\varrho_1,\varrho_2,\ldots,\varrho_k)$, wofür wir abgekürzt $\Psi_1(\mu)$ schreiben, die weiteren Funktionen $\Psi_1(\mu;\varrho_{1l},\varrho_{2l},\ldots,\varrho_{kl})$ $(l=2,3,\ldots,t_a)$, die wir mit $\Psi_l(\mu)$ $(l = 2, 3, \ldots, t_a)$ bezeichnen.[1]) Bildet man die $t_a - 1$ Differenzen $\Psi_1(\mu) - \Psi_l(\mu)$ $(l = 2, 3, \ldots, t_a)$ und legt der Unbestimmten μ einen rationalen Wert r bei, der nur der einzigen Bedingung genügen muß, keine Nullstelle der $t_a - 1$ ganzen Funktionen $\Psi_1(\mu) - \Psi_l(\mu)$ $(l = 2, 3, \ldots, t_a)$ zu sein, also $\Psi_1(r) - \Psi_l(r) \neq 0$, so ist $\Psi_1(r) = \prod_{\mathfrak{S}_a}(r + c_1\varrho_1 + c_2\varrho_2 + \ldots + c_k\varrho_k)$ eine zu der Untergruppe $\mathfrak{S}_a$ zugehörige rationale Funktion $\sigma_a(\varrho_1, \varrho_2, \ldots, \varrho_k)$ der Dirigenten $\varrho_1, \varrho_2, \ldots, \varrho_k$ des Körpers $(P; \varrho_1, \varrho_2, \ldots, \varrho_k)$. Tatsächlich ändert sich $\Psi_1(r)$, wie seine Form zeigt, bei allen Transmutationen von $\mathfrak{S}_a$ nicht; hingegen nimmt $\Psi_1(r)$ bei sämtlichen $\mathfrak{S}_a$ nicht angehörigen Transmutationen von $\mathfrak{S}$, die sich in der Gestalt $\mathfrak{S}_a \mathrm{P}_l$ $(l = 2, 3, \ldots, t_a)$ schreiben lassen, wegen der Relation $\Psi_1(r) - \Psi_l(r) \neq 0$ $(l = 2, 3, \ldots, t_a)$ die von $\Psi_1(r)$ verschiedenen Werte $\Psi_l(r)$ $(l = 2, 3, \ldots, t_a)$ an.

Die irreduzible Gleichung mit Koeffizienten aus P, der die Größe $\Psi_1(r) = \Psi_1(r; \varrho_1, \varrho_2, \ldots, \varrho_k)$ genügt, zeigt noch, daß der letzte Ausdruck nicht nur von $\Psi_l(r)$ $(l = 2, 3, \ldots, t_a)$ verschieden ist, sondern daß auch niemals zwei der Größen $\Psi_l(r)$ $(l = 2, 3, \ldots, t_a)$ untereinander gleich sein können.

Da auf Grund des bewiesenen Satzes zu jeder automorphen Untergruppe $\mathfrak{S}_a$ von $\mathfrak{S}$ zugehörige rationale Funktionen $\sigma_a(\varrho_1, \varrho_2, \ldots, \varrho_k)$ existieren, ergibt sich aus dem erweiterten LAGRANGEschen Theorem (§ 3, Theorem 3) der Satz von der Existenz des zu jeder automorphen Untergruppe $\mathfrak{S}_a$ von $\mathfrak{S}$ zugehörigen Unterkörpers $(P; \sigma_a)$ des Körpers $(P; \varrho_1, \varrho_2, \ldots, \varrho_k)$, nämlich:

Satz 4. Man kann das Transmutationssystem $\mathfrak{S}$ der Dirigenten $\varrho_1, \varrho_2, \ldots, \varrho_k$ des Körpers $(P; \varrho_1, \varrho_2, \ldots, \varrho_k)$ auf jede in $\mathfrak{S}$ enthaltene automorphe Untergruppe $\mathfrak{S}_a$ reduzieren, indem man statt des Körpers P den durch Erweiterung mit Hilfe von σ_a entstehenden Körper $(P; \sigma_a)$ als Grundkörper wählt; dabei bedeutet σ_a eine beliebige zu $\mathfrak{S}_a$ zugehörige rationale Funktion von $\varrho_1, \varrho_2, \ldots, \varrho_k$ mit Koeffizienten aus P, d. h. eine solche Funktion, die bei $\mathfrak{S}_a$ ungeändert bleibt, hingegen bei allen $\mathfrak{S}_a$ nicht angehörigen Transmutationen von $\mathfrak{S}$ ihren Wert verändert.

Jede rationale Funktion von $\varrho_1, \varrho_2, \ldots, \varrho_k$ mit Koeffizienten aus P, die bei allen Transmutationen von $\mathfrak{S}_a$ ihren Wert beibehält, ist eine rationale Funktion von σ_a.

[1]) Infolge der Bedingung, daß $c_1\varrho_1 + c_2\varrho_2 + \ldots + c_k\varrho_k$ eine primitive Funktion sein soll, besitzen die t_a Gleichungen $\Psi_l(\mu) = 0$ keine gemeinsamen Wurzeln; hierdurch ist gesichert, daß von den $t_a - 1$ Funktionen $\Psi_1(\mu) - \Psi_l(\mu)$ $(l = 2, 3, \ldots, t_a)$ der Variablen μ keine identisch verschwindet.

Ist $\mathfrak{S}_a$ im besondern die identische Transmutation E, bei der jede rationale Funktion von $\varrho_1, \varrho_2, \ldots, \varrho_k$ mit Koeffizienten aus P, also auch jeder einzelne Dirigent $\varrho_1, \varrho_2, \ldots, \varrho_k$ ungeändert bleibt, so ist der Unterkörper von $(P; \varrho_1, \varrho_2, \ldots, \varrho_k)$ der Körper $(P; \varrho_1, \varrho_2, \ldots, \varrho_k)$ selbst. Bedeutet demnach σ_e eine beliebige zu $E = \begin{pmatrix} \varrho_1 \, \varrho_2 \cdots \varrho_k \\ \varrho_1 \, \varrho_2 \cdots \varrho_k \end{pmatrix}$ zugehörige rationale Funktion von $\varrho_1, \varrho_2, \ldots, \varrho_k$ mit Koeffizienten aus P, ist also σ_e primitiv, so lassen sich $\varrho_1, \varrho_2, \ldots, \varrho_k$ als rationale Funktionen von σ_e darstellen. Aus Satz 4 ergibt sich demnach, indem man $\mathfrak{S}_a$ durch die identische Transmutation $\begin{pmatrix} \varrho_1 \, \varrho_2 \cdots \varrho_k \\ \varrho_1 \, \varrho_2 \cdots \varrho_k \end{pmatrix}$ ersetzt,

Satz 4_1. Jede primitive oder s-wertige Funktion

$$\sigma_e \, (\varrho_1, \varrho_2, \ldots, \varrho_k)$$

— solche gibt es unendlich viele — ist nicht nur eine rationale Funktion von $\varrho_1, \varrho_2, \ldots, \varrho_k$, sondern umgekehrt jede der Größen $\varrho_1, \varrho_2, \ldots, \varrho_k$ läßt sich auch als rationale Funktion von σ_e mit Koeffizienten aus P darstellen. Anders ausgedrückt: Jede endliche algebraische Erweiterung des Körpers P durch die Größen $\varrho_1, \varrho_2, \ldots, \varrho_k$ läßt sich gleichwertig als einfache algebraische Erweiterung durch eine einzige Größe σ_e auffassen.[1])

Der Satz 4 soll noch dadurch ergänzt werden, daß wir die Reduktion des Transmutationssystems $\mathfrak{S}$ auf eine automorphe Untergruppe $\mathfrak{S}_a$ der Dirigenten $\varrho_1, \varrho_2, \ldots, \varrho_k$ infolge Adjunktion einer ganz beliebigen Größe ϑ, die also nicht rationale Funktion von $\varrho_1, \varrho_2, \ldots, \varrho_k$ zu sein braucht, behandeln. Bei Zugrundelegung des Körpers $(P; \vartheta)$ als Grundkörpers bestehe das Transmutationssystem der Dirigenten $\varrho_1, \varrho_2, \ldots, \varrho_k$ des Körpers $(P; \vartheta \,|\, \varrho_1, \varrho_2, \ldots, \varrho_k)$ aus der automorphen Gruppe $\mathfrak{S}_a$. Bildet man nunmehr eine zu $\mathfrak{S}_a$ zugehörige rationale Funktion $\sigma_a \, (\varrho_1, \varrho_2, \ldots, \varrho_k)$ der Größen $\varrho_1, \varrho_2, \ldots, \varrho_k$ mit Koeffizienten aus P, so gestattet σ_a alle Transmutationen des Transmutationssystems der Dirigenten $\varrho_1, \varrho_2, \ldots, \varrho_k$ des Grundkörpers $(P; \vartheta)$. Mithin muß nach dem Satz 3 des § 1 die Funktion $\sigma_a \, (\varrho_1, \varrho_2, \ldots, \varrho_k)$ einen Wert aus dem Grundkörper $(P; \vartheta)$ besitzen, also muß $\sigma_a = R(\vartheta)$ sein, wobei $R(\vartheta)$ eine rationale Funktion von ϑ mit Koeffizienten aus P bedeutet. Demnach ergibt sich

[1]) Die Existenz primitiver Funktionen im Sinne des Satzes 4_1 ist bereits von N. H. Abel (Oeuvres 1, p. 547) erkannt worden und bildet das Fundament der Galoisschen Theorie bei den üblichen Darstellungen. Die in den Lehrbüchern der Algebra gegebene Vorschrift für die Konstruktion primitiver Funktionen ist unnötig kompliziert, auch ist die Benützung der Lagrangeschen Interpolationsformel zur Herleitung der Eigenschaften von σ_e und σ_a nicht erforderlich.

Satz 5. Ist $\mathfrak{S}_a$ eine automorphe Untergruppe des Transmutationssystems $\mathfrak{S}$ der Dirigenten $\varrho_1, \varrho_2, \ldots, \varrho_k$ des Körpers $(P; \varrho_1, \varrho_2, \ldots, \varrho_k)$ und wird $\mathfrak{S}$ durch Adjunktion einer beliebigen Größe ϑ zu P auf $\mathfrak{S}_a$ reduziert, so wird dieselbe Wirkung auch durch Adjunktion jeder zu $\mathfrak{S}_a$ zugehörigen rationalen Funktion $\sigma_a(\varrho_1, \varrho_2, \ldots, \varrho_k)$ geleistet; dabei ist σ_a eine rationale Funktion von ϑ mit Koeffizienten aus P. Gehört also ϑ dem Körper $(P; \varrho_1, \varrho_2, \ldots, \varrho_k)$ nicht an, so wird zum Zweck der Reduktion von $\mathfrak{S}$ auf $\mathfrak{S}_a$ durch die Adjunktion von ϑ zu P zu viel adjungiert; es genügt, den Grundkörper P durch eine rationale Funktion von $\varrho_1, \varrho_2, \ldots, \varrho_k$ zu erweitern.

Nunmehr soll das Transmutationssystem Σ für l beliebige rationale Funktionen $\sigma_1(\varrho_1, \varrho_2, \ldots, \varrho_k), \sigma_2(\varrho_1, \varrho_2, \ldots, \varrho_k), \ldots, \sigma_l(\varrho_1, \varrho_2, \ldots, \varrho_k)$ von $\varrho_1, \varrho_2, \ldots, \varrho_k$ für den besonderen Fall bestimmt werden, daß sich durch Adjunktion von $\sigma_1, \sigma_2, \ldots, \sigma_l$ zum Körper P das Transmutationssystem $\mathfrak{S}$ der Dirigenten $\varrho_1, \varrho_2, \ldots, \varrho_k$ auf eine automorphe Untergruppe $\mathfrak{S}_a$ reduziert. Zur Ableitung des gewünschten Resultats führe man die GALOISsche Zerlegung von $\mathfrak{S}$ nach $\mathfrak{S}_a$ aus:

$$\mathfrak{S} = \mathfrak{S}_a \mathrm{P}_1 + \mathfrak{S}_a \mathrm{P}_2 \ldots + \mathfrak{S}_a \mathrm{P}_{t_a},$$

wobei $t_a = \frac{s}{s_a}$, wenn s die Anzahl der Transmutationen von $\mathfrak{S}$, s_a diejenige von $\mathfrak{S}_a$ ist. Es sei $\mathrm{P}_i = \begin{pmatrix} \varrho_1 & \varrho_2 & \cdots & \varrho_k \\ \varrho_{1i} & \varrho_{2i} & \cdots & \varrho_{ki} \end{pmatrix}$ $(i = 1, 2, \ldots, t_a)$. Nach Voraussetzung ist für alle Werte $j = 1, 2, \ldots, l$: $(\sigma_j)\,\mathfrak{S}_a = \sigma_j(\varrho_1, \varrho_2, \ldots, \varrho_k)$. Wir setzen weiter $(\sigma_j)\,\mathfrak{S}_a \mathrm{P}_i = \sigma_j(\varrho_{1i}, \varrho_{2i}, \ldots, \varrho_{ki}) = \sigma_{ji}$ $(j = 1, 2, \ldots, l;\ i = 1, 2, \ldots, t_a)$. Hat man nun irgendeine richtige Gleichung zwischen $\sigma_1, \sigma_2, \ldots, \sigma_l$ mit Koeffizienten aus P:

$$\lambda(\sigma_1(\varrho_1, \varrho_2, \ldots, \varrho_k), \sigma_2(\varrho_1, \varrho_2, \ldots, \varrho_k), \ldots, \sigma_l(\varrho_1, \varrho_2, \ldots, \varrho_k)) = 0,$$

so läßt sich diese auch als richtige Gleichung zwischen $\varrho_1, \varrho_2, \ldots, \varrho_k$ mit Koeffizienten aus P auffassen und gestattet daher alle Transmutationen aus $\mathfrak{S}$. Die Anwendung von $\mathfrak{S}_a \mathrm{P}_i$ ergibt

$$\lambda(\sigma_1(\varrho_{1i}, \varrho_{2i}, \ldots, \varrho_{ki}), \sigma_2(\varrho_{1i}, \varrho_{2i}, \ldots, \varrho_{ki}), \ldots, \sigma_l(\varrho_{1i}, \varrho_{2i}, \ldots, \varrho_{ki})) = 0.$$

Mithin bleiben alle richtigen Gleichungen zwischen $\sigma_1, \sigma_2, \ldots, \sigma_l$ mit Koeffizienten aus P richtig, wenn man auf sie die Transmutationen

$$\begin{pmatrix} \sigma_1(\varrho_1, \varrho_2, \ldots, \varrho_k) & \sigma_2(\varrho_1, \varrho_2, \ldots, \varrho_k) & \ldots & \sigma_l(\varrho_1, \varrho_2, \ldots, \varrho_k) \\ \sigma_1(\varrho_{1i}, \varrho_{2i}, \ldots, \varrho_{ki}) & \sigma_2(\varrho_{1i}, \varrho_{2i}, \ldots, \varrho_{ki}) & \ldots & \sigma_l(\varrho_{1i}, \varrho_{2i}, \ldots, \varrho_{ki}) \end{pmatrix}$$

oder anders geschrieben $\begin{pmatrix} \sigma_1 & \sigma_2 & \ldots & \sigma_l \\ (\sigma_1)\,\mathfrak{S}_a \mathrm{P}_i & (\sigma_2)\,\mathfrak{S}_a \mathrm{P}_i & \ldots & (\sigma_l)\,\mathfrak{S}_a \mathrm{P}_i \end{pmatrix}$

$(i = 1, 2, \ldots, t_a)$ ausübt. Nach Satz 4 des § 8 ist, wenn die l Funktionen $\sigma_1(\varrho_1, \varrho_2, \ldots, \varrho_k), \sigma_2(\varrho_1, \varrho_2, \ldots, \varrho_k), \ldots, \sigma_l(\varrho_1, \varrho_2, \ldots, \varrho_k)$ bei genau s_a Transmutationen $\mathfrak{S}_a$ von $\mathfrak{S}$ ungeändert bleiben, $s_a = \frac{s}{t_1 t_2 \ldots t_l}$; dabei ist $t_1 t_2 \ldots t_l$ der Grad des Körpers $(P; \sigma_1, \sigma_2, \ldots, \sigma_l)$, d. h. das Produkt der Gradzahlen der irreduziblen Gleichungen der Kette $Y_1(x) = 0$, $Y_2(x; \sigma_1) = 0, \ldots, Y_l(x; \sigma_1, \sigma_2, \ldots, \sigma_{l-1}) = 0$, denen die Größen $\sigma_1, \sigma_2, \ldots, \sigma_l$ genügen. Der Vergleich von $\frac{s}{t_1 t_2 \ldots t_l}$ mit $\frac{s}{t_a}$ lehrt zunächst, daß $t_a = t_1 t_2 \ldots t_l$ ist. Nach § 1 ist aber die Anzahl der Transmutationen des Transmutationssystems der Dirigenten $\sigma_1, \sigma_2, \ldots, \sigma_l$ eines Körpers $(P; \sigma_1, \sigma_2, \ldots, \sigma_l)$ gleich dem Produkt $t_1 t_2 \ldots t_l$ der Grade der Gleichungskette, die durch $\sigma_1, \sigma_2, \ldots, \sigma_l$ befriedigt wird; mithin müssen genau $t_a = t_1 t_2 \ldots t_l$ Transmutationen der Dirigenten $\sigma_1, \sigma_2, \ldots, \sigma_l$ des Körpers $(P; \sigma_1, \sigma_2, \ldots, \sigma_l)$ existieren. Wir haben oben in

$$\begin{pmatrix} \sigma_1 & \sigma_2 & \ldots & \sigma_l \\ (\sigma_1)\,\mathfrak{S}_a\,\mathrm{P}_i & (\sigma_2)\,\mathfrak{S}_a\,\mathrm{P}_i & \ldots & (\sigma_l)\,\mathfrak{S}_a\,\mathrm{P}_i \end{pmatrix} \quad (i = 1, 2, \ldots, t_a)$$

bereits t_a Transmutationen der Dirigenten $\sigma_1, \sigma_2, \ldots, \sigma_l$ des Körpers $(P; \sigma_1, \sigma_2, \ldots, \sigma_l)$ gefunden. Es bleibt also nur noch zu zeigen, daß die t_a Transmutationen sämtlich untereinander verschieden sind.

Wir bilden die Transmutation $\mathrm{P}_i^{-1} = \begin{pmatrix} \varrho_{1i} & \varrho_{2i} & \ldots & \varrho_{ki} \\ \varrho_1 & \varrho_2 & \ldots & \varrho_k \end{pmatrix}$ des Körpers $(P; \varrho_{1i}, \varrho_{2i}, \ldots, \varrho_{ki})$; diese führt die Funktionen $\sigma_{1i} = \sigma_1(\varrho_{1i}, \varrho_{2i}, \ldots, \varrho_{ki})$, $\sigma_{2i} = \sigma_2(\varrho_{1i}, \varrho_{2i}, \ldots, \varrho_{ki}) \ldots, \sigma_{li} = \sigma_l(\varrho_{1i}, \varrho_{2i}, \ldots, \varrho_{ki})$ wieder in $\sigma_1 = \sigma_1(\varrho_1, \varrho_2, \ldots, \varrho_k)$, $\sigma_2(\varrho_1, \varrho_2, \ldots, \varrho_k), \ldots, \sigma_l(\varrho_1, \varrho_2, \ldots, \varrho_k)$ zurück. Ist S_a:

$$\begin{pmatrix} \varrho_1 & \varrho_2 & \ldots & \varrho_k \\ \varphi_1(\varrho_1, \varrho_2, \ldots, \varrho_k) & \varphi_2(\varrho_1, \varrho_2, \ldots, \varrho_k) & \ldots & \varphi_k(\varrho_1, \varrho_2, \ldots, \varrho_k) \end{pmatrix}$$

eine beliebige Transmutation aus $\mathfrak{S}_a$, so sind P_i^{-1} und $S_a\,\mathrm{P}_i =$

$$\begin{pmatrix} \varrho_1 & \varrho_2 & \ldots & \varrho_k \\ \varphi_1(\varrho_{1i}, \varrho_{2i}, \ldots, \varrho_{ki}) & \varphi_2(\varrho_{1i}, \varrho_{2i}, \ldots, \varrho_{ki}) & \ldots & \varphi_k(\varrho_{1i}, \varrho_{2i}, \ldots, \varrho_{ki}) \end{pmatrix}$$

konsekutive Transmutationen und daher kompositionsfähig (vgl. S. 28). Man erhält das Produkt $\mathrm{P}_i^{-1} S_a \mathrm{P}_i$:

$$\begin{pmatrix} \varrho_{1i} & \varrho_{2i} & \ldots & \varrho_{ki} \\ \varphi_1(\varrho_{1i}, \varrho_{2i}, \ldots, \varrho_{ki}) & \varphi_2(\varrho_{1i}, \varrho_{2i}, \ldots, \varrho_{ki}) & \ldots & \varphi_k(\varrho_{1i}, \varrho_{2i}, \ldots, \varrho_{ki}) \end{pmatrix};$$

dieses ist eine Transmutation der Dirigenten $\varrho_{1i}, \varrho_{2i}, \ldots, \varrho_{ki}$ des Körpers $(P; \varrho_{1i}, \varrho_{2i}, \ldots, \varrho_{ki})$ und, wie ersichtlich, eine automorphe. Da die Elemente von $\mathfrak{S}_a$ eine Gruppe bilden, sind, wie man sich durch Komposition überzeugt, für die Elemente von $\mathrm{P}_i^{-1}\,\mathfrak{S}_a\,\mathrm{P}_i$ ebenfalls die vier Gruppenpostulate erfüllt, und $\mathrm{P}_i^{-1}\,\mathfrak{S}_a\,\mathrm{P}_i$ ist eine automorphe Untergruppe des Transmutationssystems $\mathrm{P}_i^{-1}\,\mathfrak{S}$ der Dirigenten $\varrho_{1i}, \varrho_{2i}, \ldots, \varrho_{ki}$ des Körpers $(P; \varrho_{1i}, \varrho_{2i}, \ldots, \varrho_{ki})$. Wendet man auf das Funktionensystem

$$\sigma_{1i} = \sigma_1\,(\varrho_{1i}, \varrho_{2i}, \ldots, \varrho_{ki}),\ \sigma_{2i} = \sigma_2\,(\varrho_{1i}, \varrho_{2i}, \ldots, \varrho_{ki}), \ldots,$$
$$\sigma_{li} = \sigma_l\,(\varrho_{1i}, \varrho_{2i}, \ldots, \varrho_{ki})$$

die Transmutationen der Gruppe $P_i^{-1}\,\mathfrak{S}_a\,P_i$ an, so bleiben diese Funktionen hierdurch ihrem Werte nach ungeändert; denn durch P_i^{-1} gehen $\sigma_{1i}, \sigma_{2i}, \ldots, \sigma_{li}$ in $\sigma_1, \sigma_2, \ldots, \sigma_l$ über, bei den Transmutationen $\mathfrak{S}_a$ behalten die letzteren Funktionen ihren Wert bei und durch die Anwendung von P_i auf die richtigen Gleichungen $\sigma_1\,(\varrho_1, \varrho_2, \ldots, \varrho_k)\,\mathfrak{S}_a = \sigma_1\,(\varrho_1, \varrho_2, \ldots, \varrho_k)$, $\sigma_2\,(\varrho_1, \varrho_2, \ldots, \varrho_k)\,\mathfrak{S}_a = \sigma_2\,(\varrho_1, \varrho_2, \ldots, \varrho_k)$, $\ldots$, $\sigma_l\,(\varrho_1, \varrho_2, \ldots, \varrho_k)\,\mathfrak{S}_a = \sigma_l\,(\varrho_1, \varrho_2, \ldots, \varrho_k)$ ergibt sich $\sigma_1\,(\varrho_1, \varrho_2, \ldots, \varrho_k)\,\mathfrak{S}_a\,P_i = \sigma_1\,(\varrho_{1i}, \varrho_{2i}, \ldots, \varrho_{ki})$, $\sigma_2\,(\varrho_1, \varrho_2, \ldots, \varrho_k)\,\mathfrak{S}_a\,P_i = \sigma_2\,(\varrho_{1i}, \varrho_{2i}, \ldots, \varrho_{ki})$, $\ldots$, $\sigma_l\,(\varrho_1, \varrho_2, \ldots, \varrho_k)\,\mathfrak{S}_a\,P_i = \sigma_l\,(\varrho_{1i}, \varrho_{2i}, \ldots, \varrho_{ki})$. Die zuletzt hingeschriebenen l Funktionen $\sigma_{1i}, \sigma_{2i}, \ldots, \sigma_{li}$, die bei den Transmutationen $P_i^{-1}\,\mathfrak{S}_a\,P_i$ ungeändert bleiben, genügen der Kette irreduzibler Gleichungen

$$Y_1\,(x) = 0,\ Y_2\,(x;\ \sigma_{1i}) = 0,\ Y_3\,(x;\ \sigma_{1i}, \sigma_{2i}) = 0, \ldots,$$
$$Y_l\,(x;\ \sigma_{1i}, \sigma_{2i}, \ldots, \sigma_{l-1i}) = 0,$$

bei denen das Produkt der Gradzahlen ebenso wie bei

$$Y_1\,(x) = 0,\ Y_2\,(x;\ \sigma_1) = 0,\ Y_3\,(x;\ \sigma_1, \sigma_2) = 0, \ldots,$$
$$Y_l\,(x;\ \sigma_1, \sigma_2, \ldots, \sigma_{l-1}) = 0$$ gleich $t_1\,t_2\,t_3 \ldots t_l$ ist. Mithin bleiben nach dem Satz 4 des § 3 die Funktionen

$$\sigma_{1i} = \sigma_1\,(\varrho_{1i}, \varrho_{2i}, \ldots, \varrho_{ki}),\ \sigma_{2i} = \sigma_2\,(\varrho_{1i}, \varrho_{2i}, \ldots, \varrho_{ki}), \ldots,$$
$$\sigma_{li} = \sigma_l\,(\varrho_{1i}, \varrho_{2i}, \ldots, \varrho_{ki})$$

genau bei $s_a = \dfrac{s}{t_1\,t_2 \ldots t_l}$ Transmutationen ungeändert, also bei sovielen wie die Gruppe $P_i^{-1}\,\mathfrak{S}_a\,P_i$ umfaßt.

Der noch fehlende Nachweis, daß die t_a Transmutationen

$$\begin{pmatrix} \sigma_1 & & \sigma_2 & & \ldots & \sigma_l & \\ (\sigma_1)\,\mathfrak{S}_a\,P_i & & (\sigma_2)\,\mathfrak{S}_a\,P_i & & \ldots & (\sigma_l)\,\mathfrak{S}_a\,P_i & \end{pmatrix} \quad (i = 1, 2, \ldots, t_a)$$

sämtlich untereinander verschieden sind, kann jetzt sofort erbracht werden. Wären zwei der t_a Transmutationen gleich, wären etwa, unter i und j zwei Zahlen aus der Reihe $1, 2, \ldots, t_a$ verstanden,

$$\sigma_1\,(\varrho_{1i}, \varrho_{2i}, \ldots, \varrho_{ki}) = \sigma_1\,(\varrho_{1j}, \varrho_{2j}, \ldots, \varrho_{kj}),\ \sigma_2\,(\varrho_{1i}, \varrho_{2i}, \ldots, \varrho_{ki})$$
$$= \sigma_2\,(\varrho_{1j}, \varrho_{2j}, \ldots, \varrho_{kj}), \ldots, \sigma_l\,(\varrho_{1i}, \varrho_{2i}, \ldots, \varrho_{ki}) = \sigma_l\,(\varrho_{1j}, \varrho_{2j}, \ldots, \varrho_{kj}),$$

so würde dies bedeuten, daß die l Funktionen $\sigma_{1i}, \sigma_{2i}, \ldots, \sigma_{li}$ durch $P_i^{-1}\,P_j = \begin{pmatrix} \varrho_{1i} & \varrho_{2i} & \ldots & \varrho_{ki} \\ \varrho_{1j} & \varrho_{2j} & \ldots & \varrho_{kj} \end{pmatrix}$ ungeändert bleiben. Dies ist aber unmöglich; denn auf Grund der Galoisschen Zerlegung

$$\mathfrak{S} = \mathfrak{S}_a\,P_1 + \mathfrak{S}_a\,P_2 + \ldots + \mathfrak{S}_a\,P_{t_a}$$

gehört das Element P_j nicht $\mathfrak{S}_a\,P_i$ an, also auch $P_i^{-1}\,P_j$ nicht

$P_i^{-1} \mathfrak{S}_a P_i$, und nur die Transmutationen von $P_i^{-1} \mathfrak{S}_a P_i$ lassen die l Funktionen $\sigma_{1i}, \sigma_{2i}, \ldots, \sigma_{li}$ ungeändert. Wir haben daher den

Satz 6. Es seien

$$\sigma_1(\varrho_1, \varrho_2, \ldots, \varrho_k), \sigma_2(\varrho_1, \varrho_2, \ldots, \varrho_k), \ldots, \sigma_l(\varrho_1, \varrho_2, \ldots, \varrho_k)$$

rationale Funktionen von $\varrho_1, \varrho_2, \ldots, \varrho_k$; durch Adjunktion dieser l Funktionen zum Körper P reduziere sich das Transmutationssystem der Dirigenten $\varrho_1, \varrho_2, \ldots, \varrho_k$ des Körpers $(P; \varrho_1, \varrho_2, \ldots, \varrho_k)$ auf eine automorphe Untergruppe $\mathfrak{S}_a$. Die GALOISsche Zerlegung von $\mathfrak{S}$ nach $\mathfrak{S}_a$ laute:

$$\mathfrak{S} = \mathfrak{S}_a P_1 + \mathfrak{S}_a P_2 + \ldots + \mathfrak{S}_a P_{t_a},$$

wobei $P_i = \begin{pmatrix} \varrho_1 & \varrho_2 & \cdots & \varrho_k \\ \varrho_{1i} & \varrho_{2i} & \cdots & \varrho_{ki} \end{pmatrix}$ $(i = 1, 2, \ldots, t_a)$ ist.

Dann besteht das Transmutationssystem der Dirigenten $\sigma_1, \sigma_2, \ldots, \sigma_l$ des Körpers $(P; \sigma_1, \sigma_2, \ldots, \sigma_l)$ aus den Transmutationen

$$\begin{pmatrix} \sigma_1(\varrho_1, \varrho_2, \ldots, \varrho_k) & \sigma_2(\varrho_1, \varrho_2, \ldots, \varrho_k) & \ldots & \sigma_l(\varrho_1, \varrho_2, \ldots, \varrho_k) \\ \sigma_1(\varrho_{1i}, \varrho_{2i}, \ldots, \varrho_{ki}) & \sigma_2(\varrho_{1i}, \varrho_{2i}, \ldots, \varrho_{ki}) & \ldots & \sigma_l(\varrho_{1i}, \varrho_{2i}, \ldots, \varrho_{ki}) \end{pmatrix}$$

oder symbolisch

$$\begin{pmatrix} \sigma_1 & \sigma_2 & \ldots & \sigma_l \\ (\sigma_1)\, \mathfrak{S}_a P_i & (\sigma_2)\, \mathfrak{S}_a P_i & \ldots & (\sigma_l)\, \mathfrak{S}_a P_i \end{pmatrix} (i = 1, 2, \ldots, t_a).$$

Die GALOISsche Zerlegung von $\mathfrak{S}$ nach $\mathfrak{S}_a$ läßt sich auch $\mathfrak{S} = P_1 (P_1^{-1} \mathfrak{S}_a P_1) + P_2 (P_2^{-1} \mathfrak{S}_a P_2) + \ldots + P_{ta} (P_{ta}^{-1} \mathfrak{S}_a P_{ta})$[1]) schreiben. Hierbei ist $P_i^{-1} \mathfrak{S}_a P_i$ eine automorphe Untergruppe des Transmutationssystems $P_i^{-1} \mathfrak{S}$ der Dirigenten $\varrho_{1i}, \varrho_{2i}, \ldots, \varrho_{ki}$ des Körpers $(P; \varrho_{1i}, \varrho_{2i}, \ldots, \varrho_{ki})$, und die Transmutationen von $P_i^{-1} \mathfrak{S}_a P_i$ ändern keine der l Funktionen $\sigma_1(\varrho_{1i}, \varrho_{2i}, \ldots, \varrho_{ki}), \sigma_2(\varrho_{1i}, \varrho_{2i}, \ldots, \varrho_{ki}), \ldots, \sigma_l(\varrho_{1i}, \varrho_{2i}, \ldots, \varrho_{ki})$ in ihrem Werte, während bei jeder $P_i^{-1} \mathfrak{S}_a P_i$ nicht angehörigen Transmutation von $\mathfrak{S}$ mindestens eine der l Funktionen einen andern Wert annimmt.

Neben den l Funktionen $\sigma_1, \sigma_2, \ldots, \sigma_l$ betrachten wir jetzt noch eine zu $\mathfrak{S}_a$ zugehörige rationale Funktion $\sigma_a(\varrho_1, \varrho_2, \ldots, \varrho_k)$ von $\varrho_1, \varrho_2, \ldots, \varrho_k$ mit Koeffizienten aus P. Da σ_a alle Transmutationen aus $\mathfrak{S}_a$ gestattet und $\mathfrak{S}_a$ das Transmutationssystem von $\varrho_1, \varrho_2, \ldots, \varrho_k$ im Körper $(P; \sigma_1, \sigma_2, \ldots, \sigma_l)$ ist, muß σ_a eine Größe des Körpers sein (§ 1, Satz 3); mithin hat man $\sigma_a = R(\sigma_1, \sigma_2, \ldots, \sigma_l)$, wobei R eine rationale Funktion seiner Argumente mit Koeffizienten aus P bedeutet.

[1]) Diese Zerlegung ergibt sich aus der am Ende des Satzes 5 im § 3 abgeleiteten für den besonderen Fall, daß $\mathfrak{S}_{12\ldots l} = \mathfrak{S}_a$ eine automorphe Untergruppe ist. Man hätte den Satz des Textes auch als Spezialfall aus Satz 5 des § 3 herleiten können.

Da jede der Funktionen $\sigma_j\ (j=1, 2, \ldots, l)$ alle Transmutationen von $\mathfrak{S}_a$ gestattet und σ_a eine zu $\mathfrak{S}_a$ zugehörige rationale Funktion von $\varrho_1, \varrho_2, \ldots, \varrho_k$ ist, müssen nach dem verallgemeinerten LAGRANGEschen Theorem (Satz 3 des § 3) l rationale Funktionen $\chi_j(\sigma_a)\ (j=1, 2, \ldots, l)$ von σ_a existieren, daß $\sigma_j=\chi_j(\sigma_a)$ wird. Wendet man auf diese l richtigen Gleichungen mit Koeffizienten aus P die Transmutationen eines der t_a Komplexe $\mathfrak{S}_a\,\mathrm{P}_i$ an, so erhält man: $(\sigma_j)\,\mathfrak{S}_a\,\mathrm{P}_i=(\chi_j(\sigma_a))\,\mathfrak{S}_a\,\mathrm{P}_i$ oder unsymbolisch geschrieben: $\sigma_j(\varrho_{1i}, \varrho_{2i}, \ldots, \varrho_{ki})=\chi_j(\sigma_a(\varrho_{1i}, \varrho_{2i}, \ldots, \varrho_{ki}))$.

Nach Satz 6 ist aber

$$\begin{pmatrix}\sigma_a \\ (\sigma_a)\ \mathfrak{S}_a\,\mathrm{P}_i\end{pmatrix}=\begin{pmatrix}\sigma_a \\ \sigma_a(\varrho_{1i}, \varrho_{2i}, \ldots, \varrho_{ki})\end{pmatrix}\ (i=1, 2, \ldots, t_a)$$

das Transmutationssystem der Dirigente σ_a des Körpers $(P;\ \sigma_a)$; anders ausgedrückt: $(\sigma_a)\,\mathfrak{S}_a\,\mathrm{P}_i\ (i=1, 2, \ldots, t_a)$ sind die Wurzeln der irreduziblen Gleichung mit Koeffizienten aus P, die durch σ_a befriedigt wird. Folglich hat man in Ergänzung des Satzes 6:

Satz 6_1. Ist neben den in Satz 6 eingeführten Funktionen $\sigma_1, \sigma_2, \ldots, \sigma_l$ noch $\sigma_a(\varrho_1, \varrho_2, \ldots, \varrho_k)$ irgendeine zu der automorphen Untergruppe $\mathfrak{S}_a$ von $\mathfrak{S}$ zugehörige rationale Funktion von $\varrho_1, \varrho_2, \ldots, \varrho_k$ mit Koeffizienten aus P, so existieren l rationale Funktionen $\chi_j(\sigma_a)\ (j=1, 2, \ldots, l)$ von σ_a mit Koeffizienten aus P. Mit ihrer Hilfe läßt sich das Transmutationssystem der Dirigenten $\sigma_1, \sigma_2, \ldots, \sigma_l$ des Körpers $(P;\ \sigma_1, \sigma_2, \ldots, \sigma_l)$ folgendermaßen schreiben:

$$\begin{pmatrix}\sigma_1 & \sigma_2 & \ldots & \sigma_l \\ \chi_1(\sigma_{ai}) & \chi_2(\sigma_{ai}) & \ldots & \chi_l(\sigma_{ai})\end{pmatrix}\ (i=1, 2, \ldots, t_a).$$

Dabei durchlaufen $\sigma_{ai}=(\sigma_a)\,\mathfrak{S}_a\,\mathrm{P}_i$ alle t_a Wurzeln der irreduziblen Gleichung $t_a$ten Grades mit Koeffizienten aus P, die durch die zu $\mathfrak{S}_a$ zugehörige Funktion σ_a befriedigt wird.

Wir wählen noch im besondern $\sigma_1=\varrho_1, \sigma_2=\varrho_2, \ldots, \sigma_k=\varrho_k\ (k=l)$. Im Körper $(P;\ \varrho_1, \varrho_2, \ldots, \varrho_k)$ als Grundkörper, bei dem $\varrho_1, \varrho_2, \ldots, \varrho_k$ bekannt sind, reduziert sich das Transmutationssystem $\mathfrak{S}$ der Dirigenten $\varrho_1, \varrho_2, \ldots, \varrho_k$ auf die Identität $E=\begin{pmatrix}\varrho_1 & \varrho_2 & \ldots & \varrho_k \\ \varrho_1 & \varrho_2 & \ldots & \varrho_k\end{pmatrix}$. Bedeutet nun $\sigma_e(\varrho_1, \varrho_2, \ldots, \varrho_k)$ eine zu E zugehörige, also primitive Funktion, so ist $\varrho_1=\chi_1(\sigma_e), \varrho_2=\chi_2(\sigma_e), \ldots, \varrho_k=\chi_k(\sigma_e)$, wobei $\chi_j(\sigma_e)\ (j=1, 2, \ldots, k)$ rationale Funktionen von σ_e mit Koeffizienten aus P sind. Für den besonderen Fall $\mathfrak{S}_a=E$ wird die GALOISsche Zerlegung von $\mathfrak{S}$ nach E: $\mathfrak{S}=\mathrm{P}_1+\mathrm{P}_2+\ldots+\mathrm{P}_s$, wobei s die Anzahl der in $\mathfrak{S}$ enthaltenen Transmutationen ist. Mithin ergibt sich aus Satz 6_1 für unseren Spezialfall $\sigma_1=\varrho_1, \sigma_2=\varrho_2, \ldots, \sigma_k=\varrho_k$ das Transmutationssystem der Dirigenten $\varrho_1, \varrho_2, \ldots, \varrho_k$ des Körpers $(P; \varrho_1, \varrho_2, \ldots, \varrho_k)$, also das ursprüngliche Transmutationssystem $\mathfrak{S}$, in der Form $\begin{pmatrix} \varrho_1 & \varrho_2 & \ldots \varrho_k \\ \chi_1(\sigma_{ei}) & \chi_2(\sigma_{ei}) & \ldots \chi_k(\sigma_{ei}) \end{pmatrix}$ $(i = 1, 2, \ldots, s)$, wobei σ_{ei} alle Wurzeln der irreduziblen Gleichung $s$ten Grades mit Koeffizienten aus P für die primitive Funktion σ_e durchläuft. Wir haben demnach

Satz 7. Ist $\sigma_e(\varrho_1, \varrho_2, \ldots, \varrho_k)$ eine primitive Funktion der Größen $\varrho_1, \varrho_2, \ldots, \varrho_k$ und sind σ_{ei} $(i=1, 2, \ldots, s)$ alle Wurzeln der irreduziblen Gleichung mit Koeffizienten aus P, die durch $\sigma_e = \sigma_{e1}$ befriedigt wird, so lassen sich sämtliche Transmutationen $\mathfrak{S}$ der Dirigenten $\varrho_1, \varrho_2, \ldots, \varrho_k$ des Körpers $(P; \varrho_1, \varrho_2, \ldots, \varrho_k)$ in der Form:

$$\begin{pmatrix} \varrho_1 & \varrho_2 & \ldots \varrho_k \\ \chi_1(\sigma_{ei}) & \chi_2(\sigma_{ei}) & \ldots \chi_k(\sigma_{ei}) \end{pmatrix} (i = 1, 2, \ldots, s)$$

darstellen; dabei drücken sich $\varrho_1, \varrho_2, \ldots, \varrho_k$ als rationale Funktionen der primitiven Funktion σ_e mit Koeffizienten aus P durch $\varrho_1 = \chi_1(\sigma_e)$, $\varrho_2 = \chi_2(\sigma_e)$, ..., $\varrho_k = \chi_k(\sigma_e)$ aus.[1])

---

[1]) In der klassischen GALOISschen Theorie, dem besondern Fall, daß $\varrho_1, \varrho_2, \ldots, \varrho_k$ Wurzeln derselben Gleichung mit Koeffizienten aus P sind und daß $\mathfrak{S}$ demnach die GALOISsche Gruppe der Gleichung bedeutet, dient die in Satz 7 abgeleitete Darstellung der Transmutationen (Permutationen) als Ausgangspunkt und als Definition der GALOISschen Gruppe. Vgl. die Anmerkung oben auf Seite 15.

(Fortsetzung folgt.)

Im Verlag von Walter de Gruyter & Co. vormals G. J. Göschen'sche Verlagshandlung — J. Guttentag, Verlagsbuchhandlung — Georg Reimer — Karl J. Trübner — Veit & Comp., Berlin erschienen

Abteilung A. Mathematisch-physikalische Wissenschaften.

Jahrgang 1922.

1. Perron, Oskar. Neue Summationsmethoden und Entwicklungen nach Polynomen. Reichsmark 0·30
2. Perron, Oskar. Über transzendente Funktionen auf Riemannschen Flächen Reichsmark 0·60
3. Baldus, Richard. Über die singulären Punkte reeller Parameterkurven. Reichsmark 0·50

Jahrgang 1923.

1. Deecke, W. Mitteleuropäische Meeresströmungen der Vorzeit. Reichsmark 0·60
2. Liebmann, Heinrich. Die Lie'sche Cyklide und die Inversionskrümmung. Reichsmark 0·40
3. Perron, Oskar. Über Gleichungen ohne Affekt. Reichsmark 0 40
4. Liebmann, Heinrich. Beiträge zur Inversionsgeometrie III. Reichsmark 0·40
5. Kratzert, J. Beitrag zur Kenntnis des Andesins von Bodenmais. Reichsmark 0·50

Jahrgang 1924.

1. Th. Curtius und A. Bertho. Einwirkung von Stickstoffkohlenoxyd und von Stickwasserstoffsäure unter Druck auf aromatische Kohlenwasserstoffe. Reichsmark 0·50
2. Liebmann, Heinrich. Umkehrung des Variationsproblems der ebenen Affingeometrie. Reichsmark 0·60
3. Salomon, Wilhelm. Die Intensitäten alluvialer und diluvialer geologischer Vorgänge und ihre Einwirkung auf die pliocäne Rumpffläche des Kraichgaues und Odenwaldes. Reichsmark 1·20
4. Heffter, L. Zur absoluten Geometrie. Reichsmark 0·60
5. van Werveke, L. Über die Entstehung der lothringischen Lehme und des mittelrheinischen Lößes. Reichsmark 1·50
6. Krull, Wolfgang. Die verschiedenen Arten der Hauptidealringe. Reichsmark 0·50
7. Roeser, Ernst. Übergang von der nichteuklidischen Streckentrigonometrie zur Winkelmessung. Reichsmark 0·30
8. Wellstein, Julius. Zur Differentialgeometrie der isotropen Kurven. Reichsmark 1·50

9. Ewald, Rudolf. Die geodynamischen Erscheinungen des krystallinen Odenwaldes als Beispiel einer geoisostatischen Ausgleichsschwingung. Reichsmark 1·50
10. Voelcker, Ilse. Über eine ganz junge Verwerfung bei Rauenberg im Kraichgau. Reichsmark 0·30
11. Liebmann, Heinrich. Die Aufschließung von Differentialinvarianten. Reichsmark 0·50

Abteilung B. Biologische Wissenschaften.

Jahrgang 1923.

1. Kossel, A. und R. E. Gross. Über die Darstellung und quantitative Bestimmung des Arginins. Reichsmark 0·30

Von Jahrgang 1925 ab findet die Trennung in Abteilung A und B nicht mehr statt.

Jahrgang 1925.

1. Heffter, Lothar. Zur absoluten Geometrie II. Reichsmark 0·50
2. Roeser, Ernst. Die komplementären Figuren der nichteuklidischen Ebene. Reichsmark 0·50
3. Fladt, Kuno. Neuer Beweis für die Zuordnung von rechtwinkligem Dreieck und Spitzeck in der hyperbolischen Elementargeometrie. Reichsmark 0·30
4. Salomon, Wilhelm. Beobachtungen über Harnische. Reichsmark 0·70
5. Loewy, A. Beiträge zur Algebra. 1—4. Reichsmark 1·—
6. Hellpach, Willy. 2. Mitteilung zur Physiognomik der deutschen Volksstämme. Reichsmark 0·30
7. Loewy, Alfred. Neue elementare Begründung und Erweiterung der Galoisschen Theorie. Reichsmark 2·—
8. Curtius, Theodor und Bertho, Alfred. Einwirkung von Stickstoffkohlenoxyd und von Stickstoffwasserstoffsäure unter Druck auf aromatische Kohlenwasserstoffe. Reichsmark 0·40
9. Roeser, Ernst. Die gnomonische Projektion in der hyperbolischen Geometrie. Reichsmark 0·70
10. Rasch, G. Uber die Ausnützung der Gezeiten des Meeres zur Energiegewinnung. Reichsmark 0·80
11. Salomon, Wilhelm. Magmatische Hebungen. Reichsmark 1.20
12. Pütter, A. Altersbestimmungen an Drachenbäumen von Tenerife. Reichsmark 0·90
13. Volk, Otto. Über geodätische rhombische Kurvennetze auf krummen Flächen, insbesondere auf Flächen konstanter Krümmung. Reichsmark 1.10

Abhandlungen der Heidelberger Akademie der Wissenschaften

Mathematisch-naturwissenschaftliche Klasse

Abteilung A

12. Mohr, Ernst. Über den Zusammenhang zwischen der Struktur und den morphologischen Merkmalen des Diamanten. 1924. Reichsmark 3·50

Druck: Hermann Böhlaus Nachfolger Hof-Buchdruckerei G. m. b. H. Weimar.

FSC
www.fsc.org
MIX
Papier | Fördert
gute Waldnutzung
FSC® C083411

Zeitfracht Medien GmbH
Ferdinand-Jühlke-Straße 7
99095 Erfurt, Deutschland
produktsicherheit@kolibri360.de